# Der VW Bulli

## Die unglaubliche Geschichte des Retro-Busses

igloobooks

igloobooks

Deutsche Ausgabe 2017
Igloo Books Ltd
Cottage Farm
Sywell
NN6 0BJ
www.igloobooks.com



LEO002 1117
2 4 6 8 10 9 7 5 3
ISBN 978-1-78670-355-2

Umschlagbild: VW Camper and Commercial Magazine
Aus dem Englischen von Christian Fedeler und Andreas Jaedicke
Lektorat & Satz: G&R Vilnius, Litauen

Gedruckt und hergestellt in China

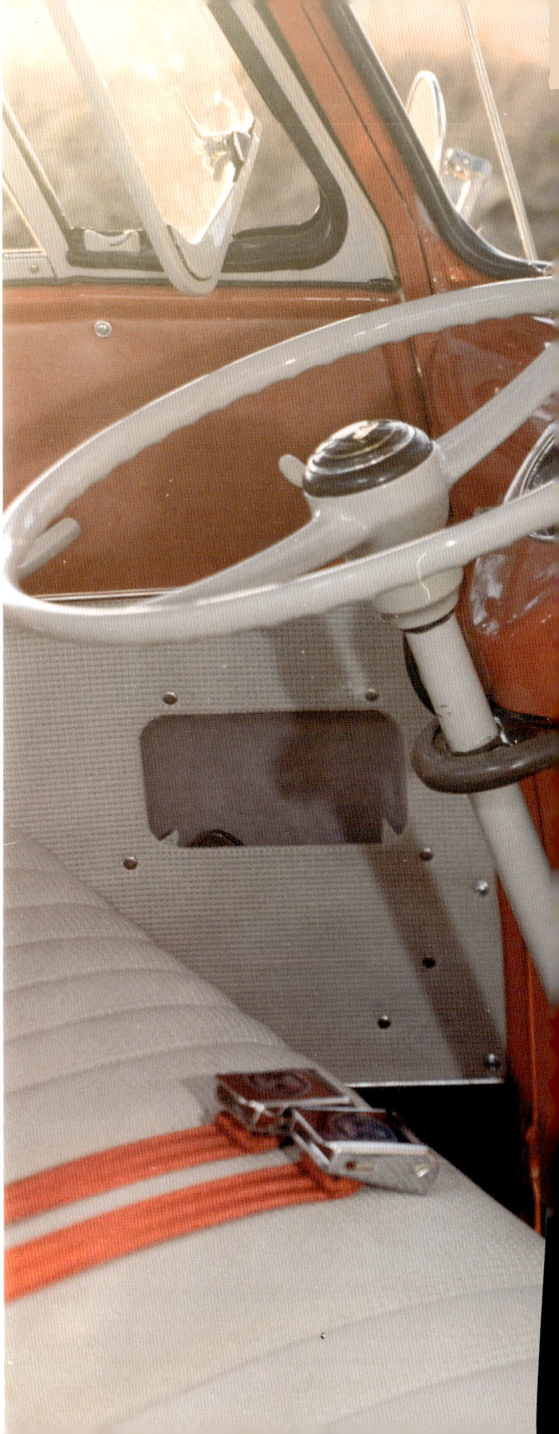

# Inhalt

# Einführung

WAS FÄLLT AUF, IST ANGESAGT, INDIVIduell ausgebaut, bunt lackiert und hat eine unverkennbare, abgerundete Form? Natürlich ein VW Bulli. Überall am Meer, besonders im Südwesten Englands oder in Australien, ziehen am Strand die Oldtimer die Blicke auf sich. Auch in Nord- und Südamerika ist eine große Community von VW-Bus-Besitzern entstanden, die mit diesem Wagen eine ganz eigene Ideologie verbindet, seit die ersten Bullis um die Mitte des 20. Jahrhunderts auf die andere Seite des Atlantiks exportiert wurden.

Oft entdeckt man auf dem Dach mehrere Surfbretter. Fehlt der Dachgepäckträger, transportiert sie der lässige Wellenreiter kurzerhand auf den Sitzbänken oder im Heck. Aber nicht nur die Wellenreiter entscheiden sich für diese Campingbusse; auch Skate- und Snowboarder haben sie für sich entdeckt. Der VW Bulli hat die Herausforderungen der Zeit überstanden und ist trotz unvermeidlicher Pannen und hoher Wartungsintensität, die beide Teil des Bulli-Spaßes sind, zum Kultmobil des späten 20. Jahrhunderts geworden – und wird es aller Voraussicht nach auch bleiben. Der Campingbus zählt zu den bemerkenswertesten Fahrzeugen auf unseren Straßen und

◀ VW-Campingbusse sind oft farbenfroh lackiert

kann mit seiner weltweiten Verbreitung auf eine erfolgreiche Geschichte seit Beginn der 1950er-Jahre zurückblicken.

Der VW-Campingbus entstand in den 1950er- und 1960er-Jahren als Erweiterung und später als Umrüstung des VW-Busses, des Pritschen- und des Kastenwagens. Beliebt waren sie bei den in der Bundesrepublik stationierten US-Soldaten, die sie aus Deutschland mit in ihre

▶ Bullis sind wie dazu geschaffen, mit Surfbrettern zum Strand zu fahren

Heimat brachten. Der Name der Firma Westfalia, die den VW-Bus in einer Camper-Variante herausbrachte, ist bis heute fest mit diesem VW-Modell verbunden. Bis 2005 wurden Camping-Umrüstungen in verschiedenen Ländern exklusiv von Unternehmen wie Westfalia, Danbury, Devon, Dormobile und Viking in Lizenz nach einem Originalentwurf von Ben Pon gebaut.

Der niederländische VW-Generalimporteur hatte nach dem Zweiten Weltkrieg den Plattenwagen im Volkswagenwerk kennengelernt. Im kriegsverwüsteten Europa bestand eine erhebliche Nachfrage nach einem einfachen, aber wandlungsfähigen und robusten Fahrzeug. Aus Pons Skizze entstand so der VW Bulli, der seit Anfang der 1950er seine Vielseitigkeit unter Beweis stellte – als Arbeitsfahrzeug, als »Van vor seiner Zeit« und als Vorläufer des modernen Wohnmobils. Er wurde zum Zweitfahrzeug für reisende Familien und bot bei wechselhaftem Sommerwetter ein Dach über dem Kopf. Pons Skizze sowie das Talent und die Weitsicht von Heinz Nordhoff ließen den Bulli die Welt – oder zumindest Teile davon – im Sturm erobern.

Autofahren ist mittlerweile zu etwas Todernstem geworden. Heute dreht sich alles nur noch um Sicherheit, Betriebskosten oder niedrigen Kraftstoffverbrauch. Und auch der Umweltschutz darf nicht zu kurz kommen. Haben Sie die richtigen Kindersitze? Wie sieht es mit Seitenaufprallträgern und Rundum-Airbags aus? Wie hoch sind die CO2-Emissionen, und ist irgendeine bestimmte Fahrt wirklich erforderlich? Da wundert es nicht, dass uns ein kleines Stück Vergangenheit ein Lächeln auf die Gesichter zaubert: der VW Bulli, der auf der Landstraße dahintuckert oder einen Hügel hinaufkeucht.

Ein Grund dafür liegt in der Individualität dieser Fahrzeuge. Ersatzteile vom Schrottplatz, die nicht zueinander passen, eine coole Lackierung oder die handgefertigten Gardinen und Polstermöbel rufen uns in Erinnerung, wie viel Zeit die Besitzer mit und in diesen Fahrzeugen verbrachten. Man ahnt sofort die tolle Geschichte, die sich hinter all dem verbirgt: nostalgische Gefühle jugendlicher Reiseabenteuer oder bittersüßer Urlaubsromanzen. Oder schauerliche Erzählungen von Pannen mitten im Nirgendwo, über die man lacht, wenn man heimgekehrt ist und nach warmer Mahlzeit und ausgedehntem Bad seine Menschenwürde wiedererlangt hat. Manchmal sind es auch einfach Sommertage am Strand. Aber jeder hat seine eigene Geschichte.

Vielleicht begeistert uns der Bulli so sehr, weil er uns an ein unbeschwerteres Leben erinnert, an eine Zeit, in der das Autofahren noch einfacher war – an die Kindheit, in der wir noch nicht alles so ernst nehmen mussten. An eine Zeit, in der man fast jede Panne mit etwas gesundem Menschenverstand und Werkzeugen aus dem Kofferraum beheben konnte und sich nicht einem hochqualifizierten Mechaniker ausgeliefert sah, der einen Kurs in Diagnoseelektronik absolviert hat und auf dessen Werkbank verblüffend viele Computer stehen – und all das kostet ein Vermögen.

Am wichtigsten ist jedoch der Hauch von Freiheit, den wir jedes Mal verspüren, wenn wir in unseren modernen Autos mit elektronischer Benzineinspritzung, Klimaanlage, ABS und Sechsgangschaltung an einem dieser Veteranen der Straße vorbeiziehen. Es ist die

Vorstellung, dass wir, wenn wir es nur wollten, Job, Hypotheken, familiäre Verpflichtungen und alles andere, was uns an Ort und Stelle festhält, hinter uns lassen könnten. Auf und davon.

Der Bulli erinnert uns daran, dass wir frei sind, die Welt zu sehen und ein einfacheres Leben zu genießen, unabhängig von Satellitenfernsehen, Breitbandinternet rund um die Uhr und all den anderen Dingen, die wir für unabdingbar halten. Zeit mit den Menschen zu verbringen, die wir lieben, während ein Spirituskocher das Wasser im Teekessel zum Sieden bringt und wir auf ein oder zwei Platten zu kochen versuchen. Dinge zu tun, die uns etwas bedeuten, Orte zu sehen, die wir niemals vergessen, zu reisen, wohin immer wir wollen, ohne vorauszuplanen, und zu übernachten, wohin es uns am Ende des Tages verschlägt – das ist es, was zählt.

Solange VW-Busse noch auf den Straßen unterwegs sind, wissen wir insgeheim, dass all das noch möglich ist. Ist das nicht toll?

◀ Vollständig restaurierter VW-Campingbus (nach 1965)

# Die Geschichte von Volkswagen

▶ Ferdinand Porsche am Steuer einer seiner Schöpfungen

DIE GEBURT DES VOLKSWAGENS STEHT vielleicht für den Beginn des Autofahrens, wie wir es heute kennen. Entwickelt wurde er – nomen est omen – ab 1931 von Ferdinand Porsche als Wagen für das Volk. Adolf Hitler verfolgte das Projekt mit großem Interesse und forderte, der neue Wagen für das Volk müsse billig, leicht zu reparieren und damit für den durchschnittlichen Deutschen finanzierbar sein. 1934 war die Grundform des unverkennbaren und beliebtesten Autodesigns geschaffen – der Käfer. Ein staatliches Sparprogramm ermunterte die Menschen zum Kauf eines Volkswagens, doch der Zweite Weltkrieg setzte der Entwicklung ein Ende; die brandneue, als »Stadt des KdF-Wagens« bekannte Fabrikstadt stellte fortan Militärfahrzeuge her und wurde schließlich durch die Bomben der Alliierten dem Erdboden gleich gemacht.

Nach dem Krieg beeinflusste ein Offizier der britischen Armee entscheidend das Schicksal von Volkswagen. Major Ivan Hirst hatte eigentlich den Auftrag, aus den ruinierten Fabriken und Werkstätten alles Brauchbare als Reparationen sicherzustellen. Da die britische Regierung und die dortigen Autobauer Volkswagen als ungefährlich und im Wesentlichen als propagandistisches Mittel Hitlers bewerteten, nutzte Hirst das Werk als Reparaturwerkstatt für Fahrzeuge der

British Army, das schon bald auch neue Fahrzeuge für die Armee und die Deutsche Post herstellte.

Major Hirst, der alle an Weitsicht übertraf, trieb den Wiederaufbau der in Wolfsburg umbenannten Stadt voran, um dort den Käfer herzustellen. Er kümmerte sich um die Reparatur von Bombenschäden, ließ die Arbeiter mit Lebensmitteln versorgen und steigerte die Produktion in den Fabriken. In nur zwei Jahren gelang es ihm, das Unternehmen mit allen notwendigen Werkzeugen und Maschinen auszustatten, das Design des Autos zu verbessern, ein Vertriebs- und Servicenetz aufzubauen und den Export des Käfers in die Niederlande an den Start zu bringen.

1947 wurde die Übergabe der Geschäftsleitung an einen Deutschen beschlossen. Major Hirst kam auch dabei eine besondere Bedeutung bei: Er spürte Heinrich Nordhoff, den ehemaligen Produktionsleiter des Autogiganten Opel, auf, der zu dieser Zeit in einer Hamburger Garage arbeitete. Die Einstellung Nordhoffs war ein weiterer weitsichtiger Schritt: Er leitete das Unternehmen bis zu seinem Tod 1968 und war ein entscheidender Garant für den Erfolg von VW. Als er Anfang 1948 die Geschäftsleitung übernahm, hatten bereits mehr als

◄ Adolf Hitler bestaunt ein VW-Modell und scheint amüsiert, den Motor im Heck zu finden

▼ Ein Käfer Cabrio aus den frühen 1950er-Jahren

▲ Käfer-Produktion

25 000 Käfer das Wolfsburger Werk verlassen; die ersten Fahrzeuge waren nach Amerika unterwegs. Schon ein Jahr später hatte sich die Produktion unter der Führung Nordhoffs verdoppelt, und als britische Soldaten ihre Käfer mit in die Heimat nehmen durften, erlangte der Käfer erstmals Kultstatus.

Der Erfolg von Volkswagen nach dem Krieg wurde zum Inbegriff des »Deutschen Wirtschaftswunders«. Nordhoffs Erfolgsrezept bestand darin, sich auf ein einziges Modell zu beschränken (offiziell und von Volkswagen als Typ 1 bezeichnet), dabei aber ständig das Design zu überarbeiten, die Zuverlässigkeit zu erhöhen und die Produktion effizienter zu machen. Gleichzeitig steigerte er den Ruf von Volkswagen als einem Arbeitgeber, der gut bezahlte und großzügige Zuschläge gewährte. Eine weitere wichtige Entscheidung Nordhoffs war 1950 der Produktionsstart des Typs 2.

Das auf dem Käfer basierende Nutzfahrzeug mauserte sich nach ausgiebigen Tests und zahlreichen Verbesserungen, zu denen auch Tests im Windkanal gehörten, zum Prototypen für moderne Kleintransporter und -busse. Der Typ 2 war zugleich die Basis für den VW-Campingbus, der wie der Käfer zu Berühmtheit gelangte. 1955 eröffnete das Unternehmen eine amerikanische Vertriebs- und Servicefiliale. Als weiterer Meilenstein in seiner Geschichte lief der millionste Käfer vom Band, was VW zum Weltkonzern machte. Das Netz der VW-Werke umspannte nun den gesamten Globus mit Beschäftigten in den USA, Kanada, Brasilien und in den euro-

▶ Volkswagen, bereit zur Verschiffung nach Übersee

päischen Stammwerken. Zu dieser Zeit brachte Volkswagen auch einen Sportwagen für das Luxussegment auf den Markt, den Karmann Ghia, der bis 1974 produziert wurde.

Mit einer klugen Werbekampagne positionierte sich VW als Unternehmen, das Autos für ein junges, modernes Publikum anbot. Doch weder Werbung noch Käfer-Kult konnten den wirtschaftlichen Niedergang von Volkswagen in den 1960ern aufhalten. Immer häufiger wurde Nordhoff für seine Politik der Beschränkung auf den Typ 1 kritisiert.

Die 1960er-Jahre wurden für Volkswagen zum Jahrzehnt der Experimente: 1961 stellte VW den in wesentlichen Teilen auf dem Typ 1 basierenden Typ 3 der Öffentlichkeit vor, 1968 den Typ 4, der mit dem Originalentwurf kaum mehr etwas gemeinsam hatte, jedoch einige grundlegende Verbesserungen in Konstruktion und Technik aufwies. Beide fanden bei den Käufern nur wenig Anklang, genauso wie eine Reihe anderer kurzlebiger Modelle.

Ein entscheidender kommerzieller Schachzug war 1964 der Erwerb von Audi. 1967 verkündete Heinrich Nordhoff, binnen eines Jahres in den Ruhestand zu gehen, um Platz für einen neuen Führungsstil zu machen; doch schon sechs Monate später starb er an Herzversagen.

Mit Nordhoffs Tod endete eine insgesamt überaus erfolgreiche Ära bei Volkswagen; das nachfolgende Management bereitete den Weg für neue Höchstleistungen. 1970 war VW mit seinem »Auto für die Massen« am Ziel: Der Käfer überholte den Ford Modell T und wurde mit 21 Millionen Fahrzeugen zum meist-

▶ Dieser Beetle war in Austin Powers 2 zu sehen

verkauften Auto aller Zeiten. Die meist auf Entwürfen von Audi basierenden Modelle der 1970er-Jahre wie der Polo, der Golf und der Passat sicherten die Zukunft von VW und werden bis heute produziert. Auch wenn der Käfer rund um den Globus Kultstatus hatte, nahm seine Bedeutung für das Volkswagen-Imperium zunehmend ab, sodass seine Produktion von Wolfsburg nach Südamerika verlegt wurde. Der Golf ist bis heute ein Bestseller im Sortiment, und das 1985 vorgestellte GTI-Modell mauserte sich zu einem der beliebtesten Kompaktsportwagen.

Das späte 20. Jahrhundert, das in der Automobilindustrie von Fusionen geprägt wurde, überstand Volkswagen als Weltkonzern, der sich zunehmend auf das obere Marktsegment ausrichtete. Zusätzlich wurden Marken wie Skoda, SEAT und Lamborghini erworben. Der Ruf der tschechischen Automarke Skoda, zuvor Inbegriff veralteter osteuropäischer Technik, wurde nach der Übernahme durch VW 1991 von Grund auf erneuert, sodass sie heute für preisgünstige Autos mit deutscher Ingenieurskunst steht. Audi engagiert sich mit beneidenswertem Erfolg im Motorsport und gewann 2006 erstmals mit einem Dieselfahrzeug die 24 Stunden von Le Mans. SEAT nimmt erfolgreich an der britischen Tourenwagen-Meisterschaft, Skoda an der Rallye-Weltmeisterschaft teil.

Das Ereignis in der Konzerngeschichte, das am Ende des 20. Jahrhunderts für den meisten Gesprächsstoff sorgte und bei den Enthusiasten gleichermaßen auf Zustimmung und Kritik stieß, war jedoch die Wiedereinführung des Käfers – bei seiner kaum nachlassenden Beliebtheit drängte es sich förmlich auf, das Modell, technisch modernisiert und mit modernem Facelifting, erneut auf dem Markt zu bringen.

Zunächst als Konzeptfahrzeug entwickelt – die Idee stieß in der VW-Geschäftsführung auf wenig Zuspruch –, erntete der »Beetle« in der Öffentlichkeit viel Beifall und ging in Produktion. Im Grunde genommen ist er ein neu gestalteter Golf, der das »Feeling« des klassischen Käfers vermitteln soll, wobei das Design auch futuristische Elemente beinhaltet. Vielfach für sein gutes Fahrverhalten und seine Zuverlässigkeit gelobt, beeindruckte er die Automobilfachpresse vor allem durch Optik und Design und weniger durch seine Fahrleistung.

▲ Ein halbierter Beetle

Ein Bruch mit der Tradition des Käfers waren Frontmotor und Kofferraum im Heck des Wagens.

Dieses Relaunch des Käfers läutete einen neuen Trend in der Automobilindustrie ein: Das nächste Kultmobil, das man wieder aufleben ließ, war der Mini: 2001 brachte BMW eine modernisierte Version auf den Markt, die den Unternehmensgewinn positiv beeinflusste. Da sich die Neuauflagen klassischer Modelle großer Beliebtheit erfreuten, stellte auch Fiat 2007 sein kleines, aber äußerst beliebtes Modell 500 in überarbeiteter Version neu vor.

2012 schloss sich der Kreis für Volkswagen mit der Übernahme von Porsche. Porsche ist zur Zeit der Automobilproduzent, der den meisten Gewinn erwirtschaftet; beide Unternehmen haben schon früher eng zusammengearbeitet. Die Fusion beider Hersteller, die auf eine gemeinsame Erfolgsbilanz in der Fahrzeugproduktion zurückblicken können und letztendlich den gleichen Vater haben, ist damit nur folgerichtig.

▼ Der Beetle bei einer Präsentation

# Ben Pon und andere Wegbereiter

▶ Ben Pon mit dem VW Käfer

DER KÄFER ENTSPRANG DER FANTASIE VON Ferdinand Porsche, und Major Ivan Hirst und Heinrich Nordhoff verliehen ihm Gestalt. Der Typ 2, Vater aller VW-Busse, verdankt seine Existenz dem niederländischen Geschäftsmann Bernardus (Ben) Pon, der ihn 1947 bei einem Besuch in Wolfsburg erstmals grob skizzierte.

Obwohl er nicht bei VW arbeitete, kannte er die Stärken des Unternehmens und legte den Grundstein für ein zweites Kultfahrzeug nach dem Käfer. Damit und mit der Einführung von Volkswagen in den USA begründete er den Erfolg von VW in Bau und Entwicklung von Automobilen für die nächsten 60 Jahre mit.

Ben Pon etablierte das erste VW-Autohaus außerhalb Deutschlands und baute später den kleinen Familienbetrieb in Amersfoort zu einem soliden Unternehmen aus, das bis heute besteht. Seinen Geschäftssinn hatte er von seinem Vater Mijndert Pon geerbt, der den Betrieb 1895 als Laden für Tabakwaren, Haushaltsartikel und Fahrräder gegründet hatte.

Später kamen Autos und Reifen dazu; ab den 1920ern verkaufte Mijndert Modelle von Opel und Ford. 1931 traten die Söhne Ben und Wijnand in seine Fußstapfen, und 1947 importierten sie als Generalimporteure etwa 50 Volkswagen in die Niederlande, wenig später auch Autos von Porsche.

Ben Pons Skizze des späteren VW-Transporters kann jeder auf der Website des Familienunternehmens (www.pon.

com) begutachten. Heute ist das Unternehmen unter dem Namen Pon Holdings bekannt und hat seinen Sitz in Nijkerk im Osten der Niederlande. Pon lag wohl das Produkt, das er importieren wollte, sehr am Herzen. Seine Skizze ist ein für die damalige Zeit (1947) auffällig moderner Entwurf, der die für den Käfer so charakteristischen fließenden Formen zeigt. Den Betrachter mag verblüffen, wie deutlich der VW-Bus in dieser simplen Skizze bereits erkennbar ist. Pon wusste, dass er

▲ Major Hirst mit dem Käfer

► Der 1000. Käfer läuft vom Band, 1946

mit dem VW etwas Großartiges für sich entdeckt hatte, und wollte unbedingt mit den britischen Besatzern einen Weg aushandeln, um die Wagen in sein Heimatland importieren zu können. Er vereinbarte ein Treffen in Minden. Mitten in den Verhandlungen zückte er sein Notizbuch und zeichnete etwas, das uns heute altbekannt erscheint, damals aber revolutionär anmutete.

Pons Idee basierte auf einem simplen kastenförmigen Lieferwagen als einer Weiterentwicklung des Plattenwagens, der seinerseits auf den Käfer zurückging und den Major Hirst als Militär- und Fabrikfahrzeug hatte produzieren lassen. Der neue Lieferwagen mit der Fahrerkabine vorne und dem Motor in der Mitte des Hecks nutzte die Grundfläche maximal aus. Als eines der ersten Fahrzeuge mit dem Fahrersitz über den Vorderrädern wurde er zum Prototyp zahlreicher Kleintransporter.

Die Idee eines Fahrzeugs, mit dem man mehr als dessen Eigengewicht in Form von Ladung oder Passagieren befördern konnte, muss die anwesenden VW-Vertreter beeindruckt haben. Es verging kein Jahr und Pon wurde darüber unterrichtet, dass Nordhoff und sein technischer Direktor Alfred Haesner die Entwicklung des Fahrzeugs vorantreiben wollten.

Sie standen allerdings vor einer wirklichen Herausforderung – der Aerodynamik eines solchen Kastens auf Rädern. Unterstützung fand Haesner ganz in der Nähe, an der Universität Braunschweig, einem wichtigen technischen Kompetenzzentrum in Deutschland. Hier konnte die Aerodynamik des Transporters durch Untersuchungen im Windkanal verbessert werden, sodass er in dieser Hinsicht das Auto übertraf, auf dem

The 1000th VOLKSWAGEN
built during MARCH 1946 coming from Assembly Line

▲ Prototyp 1, 1948

▶ Prototyp 2, 1948

er basierte. Überarbeitet wurde auch der Innenraum; im Design war der Wagen damit seiner Zeit weit voraus. Ein weiteres Problem war das Fahrgestell: Um die Last eines voll beladenen Wagens tragen zu können, musste es verstärkt und zugleich das Gesamtgewicht reduziert werden. Durch die Beladung von der Seite konnte das Ladegewicht gleichmäßiger auf die Achsen verteilt werden.

Es brauchte drei weitere Jahre Entwicklungsarbeit, bis alle Probleme gelöst waren und die ersten Transporter in Wolfsburg vom Band liefen. Danach aber ging es nur noch vorwärts. Obwohl Pons Entwurf diverse Veränderungen durchlief, blieb er bis 1990 die Grundlage für dieses Modell.

Ben Pon war jedoch nicht nur einer der Väter des Typ 2 und der erste Importeur und ausländische Händler von VW, er war auch derjenige, der die Marke in Amerika einführte. 1949 reiste er in die USA, um Geschäftsperspektiven auszuloten und einen Vertragshändler zu finden. Über den Erfolg seiner Reise scheiden sich die Geister. Unter Enthusiasten kursiert die Legende, dass er seinen mitgeführten Volkswagen verkaufen musste, um seine Hotelrechnung zu begleichen.

Wie dem auch sei: Innerhalb von zehn Jahren entwickelte sich der VW-Export zum florierenden Geschäft mit einer halben Million Fahrzeugen, die den Atlantik überquerten. Nach nur zwei weiteren Jahren hatte sich diese Zahl schon verdoppelt.

Heute hat Pon Holdings mehr als 11 000 Angestellte in Ländern rund um den Globus wie China, USA, Belgien, Norwegen und Großbritannien. Zu den Tätigkeitsbereichen gehören Import, Verkauf und Reparatur von Fahrzeugen, Öl und Gas, schwere Ausrüstung wie Erdbaumaschinen oder Gabelstapler und der Bereich Logistik. Nutzfahrzeuge sind noch immer Teil des Geschäfts, und 2017 darf das Unternehmen 70 Jahre »Volkswagen in den Niederlanden« feiern. Auch Ben Pons Sohn Ben Pon junior hat sich einen Namen gemacht, wenn auch nicht in der Automobilentwicklung. Er war Olympiateilnehmer im Tontaubenschießen 1972 in München und blickt außerdem auf eine lange und schillernde Karriere als Rennfahrer zurück. Als er 1962 am Großen Preis der Niederlande teilnahm, erlitt er mit seinem Porsche in der zweiten Runde einen Unfall, trug jedoch glücklicherweise keine ernsthaften Verletzungen davon. Am 24-Stunden-Rennen von Le Mans nahm er sechsmal teil. Mittlerweile hat er sich zur Ruhe gesetzt und widmet sich ausschließlich seiner Tätigkeit als Winzer und Weinimporteur.

◀ Fertigungsstraße, 1950

▼ Ein umgebauter Bulli zeigt die verschiedenen Einsatzmöglichkeiten des VW-Busses

# Die Geburt einer Legende

▶ Kastenwagen, 1949

INNERHALB VON DREI JAHREN WURDE BEN Pons fixe Idee von einem Lieferwagen von den VW-Designern zum kommerziellen Produkt entwickelt. Der erste VW-Transporter wurde im November 1949 auf dem Genfer Auto-Salon, einer der traditionsreichsten und angesehensten Automobil-Fachmessen, enthüllt.

1905 erstmals ausgerichtet, fand der Salon ab 1923 bis zum Ausbruch des Zweiten Weltkriegs jährlich statt. Als der Typ 2 der Öffentlichkeit vorgestellt wurde, war dies gerade einmal der zweite Salon seit dem Krieg. Zu den anderen Autos, die dort neben dem innovativen Volkswagen der Öffentlichkeit vorgestellt wurden, gehörte auch der deutsche Borgward Hansa, eine luxuriöse Familienlimousine, die wohl einen auffallenden Kontrast zum VW-Bus darstellte. Unter den anderen Ausstellern waren Mercedes, Opel und Fiat.

Der Typ 2 mit seinem 1,1-Liter-Motor war seit März 1950 auf dem Markt, auf dem er für die nächsten 40 Jahre in den verschiedensten Varianten präsent blieb. Wie beim Käfer, hielt das Unternehmen am Basisentwurf fest, überarbeitete das Design aber in regelmäßigen Abständen, um das Fahrzeug zeitgemäß zu halten und die Fertigungseffizienz zu steigern. Der Typ 2 wurde letztendlich in fünf Grundvarianten gebaut, nämlich als Modelle T1 bis T5, wobei die drei ersten im Wesentlichen auf dem Käfer basierten.

Etwa fünf Millionen Stück verließen die Werke, und manche Entwürfe dienten als Prototyp für ganze Klassen von PKWs und Lieferwagen, die von Herstellern rund um den Globus entwickelt wurden.

Der Schlüssel zum Erfolg des Kleintransporters waren seine geringen Kosten und seine Flexibilität. Das Unternehmen profitierte von der Gründung neuer Betriebe im Rahmen der wirtschaftlichen Erneuerung nach dem Zweiten Weltkrieg. Die VW-Kunden konnten unter einer Vielzahl von Ausführungen wählen. Das Basismodell war der Kastenwagen ohne Seitenfenster, bei dem der gesamte Innenraum hinter den Vordersitzen als Stauraum zur Verfügung stand.

Eine Version mit Hochdach bot noch mehr Stauraum, während eine weitere, der »Kombi« (eigentlich »Kombinationskraftwagen«), herausnehmbare Rücksitze und drei Fenster auf jeder Seite hatte; so konnte man je nach Bedarf Ladung oder Personen befördern.

Der VW-Kleinbus und das Sondermodell Samba dienten ausschließlich dem Personentransport, sodass der Innenraum komfortabler ausgestattet wurde.

Der nächste logische Schritt war ein Campingbus, der sich in den 40 Jahren, in denen der Bulli produziert wurde, zum Weekender oder Multivan entwickelte. Letztere ließen sich sowohl als PKW als auch zum Campen benutzen. Für Gewerbetreibende gab es den Typ 2 als Pritschenwagen mit Einzel- oder Doppelkabine und unterschiedlicher Lastkonfiguration und Sitzanordnung, je nach Ladung und zu befördernder Zahl an Arbeitern. Und das waren nur die von Volkswagen selbst produzierten Bauformen. Der Typ 2 war sehr wandlungsfähig und bot Raum zum Experimentieren – eine verlockende Herausforderung für zahlreiche Mechaniker. Mit am bekanntesten ist der Typ 2 wohl als Hippie-Bus, doch wurde er auch als Rettungs- und Abschleppwagen, als Bestattungswagen und Pick-up eingesetzt. Die Möglichkeiten waren nahezu unbegrenzt.

Wie nun wurde ein vornehmlich für gewerbliche Zwecke entworfenes Nachkriegfahrzeug zum Kultmobil, dessen Anziehungskraft auch heute noch ungebrochen ist? Da ist einmal die wirklich originelle Idee Ben Pons. Eine ganze Generation von Lieferwagen anderer Hersteller beruhte auf Anpassung des Typ-2--Designs an die eigenen Bedürfnisse. Bei

◄ Werbebroschüre, Anfang 1952

▼ Das Gesicht eines 1962er VW-Busses verändert sich

▶ Die ersten VW-Busse in der Fertigungsstraße, 1953

vielen Dingen, die wir heute bei Kleintransportern als selbstverständlich erachten wie eine Fahrerkabine über der Vorderachse, Seitentüren, eine Laderampe zwischen der Vorder- und Hinterachse, aerodynamische Optimierung und auch den Heckmotor, war der Bulli ein Pionier. Später übernahmen Hersteller wie Ford, Fiat und Chevrolet dieses Konzept.

Diese Schule des Autodesigns ist längst keine Domäne der Nutzfahrzeuge mehr. Heute weisen als »Wagen für das Volk« konzipierte Automodelle viele jener Eigenschaften auf, die Ben Pon erstmals in seiner Skizze von 1947 herausgearbeitet hatte, auch gewöhnliche Limousinen, Kombis und Kleinwagen. So können die Vorteile dieser Bauart wie maximaler Raum für die Insassen, Schiebetüren und verstellbare Sitze genutzt werden. Die Kurven und fließenden Linien, schon immer ein Erkennungszeichen von Volkswagen, sind heute wieder groß in Mode. Das einst von Käfer und Bulli begründete Design findet sich bei vielen Fahrzeugen von Herstellern aus aller Welt wieder. All dies trug zu einer positiven Ausgangssituation für die Entwicklung des »Beetle« im Jahre 2000 bei.

Der Typ 2 war auch dank seiner Flexi-

bilität wirtschaftlich enorm erfolgreich. Er lief nicht nur in allen möglichen Varianten vom Band, sondern wurde auch von enthusiastischen unabhängigen Herstellern, die gewinnverheißende Marktnischen entdeckt hatten, in seine Einzelteile zerlegt und neu zusammengebaut. Was immer man von einem Bulli erwartete – irgendwer hatte sicher den passenden im Angebot. Falls nicht, konnte man mit entsprechenden technischen Kenntnissen selbst Hand anlegen, und das Ergebnis ließ sich vielleicht sogar zu Geld machen. Zuträglich war dem Bulli außerdem, dass Volkswagen eher auf Evolution als auf Revolution setzte. Heinrich Nordhoff erntete zwar zunehmend dafür Kritik, dass er sich nur auf den Käfer konzentrierte und die Entwicklung neuer Modelle hintanstellte, doch bedeutete dieses Ausschließlichkeit auch, dass Leistung, Zuverlässigkeit und Produktionseffizienz enorm gesteigert werden konnten. Als sich für den Typ 2 ein großer Markterfolg auch als Personenwagen abzeichnete, behinderte die Unternehmensphilosophie den Schritt in diese Richtung nicht.

Volkswagen war ein Unternehmen seiner Zeit, das die vorhandenen Möglichkeiten zu nutzen wusste. Unmittelbar nach dem Krieg, als in allen vier Besatzungszonen die Stahlproduktion und die Leistungsfähigkeit der Industrie empfindlich eingeschränkt werden sollten, befand sich das Werk Wolfsburg in der britischen Zone. Die Briten brachten von allen vier Alliierten einem wirtschaftlichen Wiederaufbau Deutschlands das größte Wohlwollen entgegen, und wir

◄ Ein VW-Bus Kombi, 1960

▼ Heinrich Nordhoff vor der Belegschaft

1 Million Volkswagen-Transporter

konnten bereits sehen, welch entscheidende Rolle die Britische Armee beim Wiederaufbau des Werks als zukunftsfähigem Automobilhersteller spielte.

Als in den 1950er-Jahren deutlich wurde, dass der Handel entscheidend zur Friedenssicherung in Europa beitragen würde, entstand nach und nach ein Netzwerk von Importeuren, die mit viel Elan die Fahrzeuge von Volkswagen auf dem gesamten Kontinent vertrieben. Damit trugen sie wesentlich zur Erneuerung des Rufes deutscher Produkte bei. Außerdem verstand es VW, das enorme Potenzial des Automobilmarktes im Nachkriegsamerika umgehend zu nutzen. In einer Zeit bescheidenerer Einkommen produzierte das Unternehmen günstige, zuverlässige und sparsame Fahrzeuge. Volkswagen wurde zum Inbegriff für hochwertigen Fahrzeugbau. Und als die Wirtschaft im Nachkriegs-Europa einen ersten neuen Boom erlebte und Industrieproduktion und Geschäftstätigkeit in die Höhe schnellten, kamen die Nutzfahrzeuge von Volkswagen gerade richtig. Die Weichen für den Erfolg des Typ 2 waren gestellt.

◄ Der millionste Transporter läuft vom Band, 1962

# Typ 2 T1

▶ 1 Ein frühes Modell des T1 Kleinbusses, 1952

DIE ERSTE GENERATION DES TYP 2 KLEINbusses ist heute ein begehrtes Sammlerstück, berühmt für seinen unverkennbaren luftgekühlten Volkswagen-Motor. Im englischsprachigen Raum trägt er wegen seiner geteilten Frontscheibe den Spitznamen »Splittie«.

Der eher spartanische, aber charakterstarke VW-Kleinbus gehörte zu den ersten VW-Transportern, die ab März 1950 das Band im Wolfsburger Werk verließen, wo sie 17 Jahre lang produziert wurden. Mit ihm begann eine völlig neue Ära in der Geschichte des Autos, doch wer damals die ersten T1-Modelle vom Band laufen sah, konnte sich wohl kaum seiner späteren Bewertung als Kultobjekt und seiner Bedeutung für die Automobilindustrie bewusst sein.

Zu Beginn wurden zehn T1 am Tag produziert. Bald aber überstieg die Nachfrage das Angebot, sodass 1956 die Fertigung in eine eigens dafür errichtete Fabrik in Hannover mit etwa 5000 Mitarbeitern umzog. Hier stieg die Produktion auf etwa 250 Fahrzeuge pro Tag, bis sie 1967 nach Brasilien verlagert wurde, wo die dort gefertigten, modifizierten T1-Modelle noch für viele Jahre erfolgreich waren. Neuere Modelle wurden bei VW in Deutschland entwickelt und gefertigt, während Westfalia ab 1951 Varianten als Wohnmobil und andere Unternehmen sonstige Umrüstungen anboten.

Weitere Merkmale des T1 waren neben der geteilten Windschutzscheibe und der Heckklappe (bei einigen Modellen) das große VW-Logo an der Frontseite sowie das beeindruckende Ladevolumen, aber auch sein hoher Kraftstoffverbrauch und seine Schwerfälligkeit. Letztere rührten von der Massivität des Fahrgestells, das für hohe Ladekapazitäten ausgelegt werden musste. Der Spitzname »Bulli« soll

DAV 3B

SPIELWAREN
W. SCHMIDT
SPIEL-

von VW zeitweise sogar als offizieller Name in Betracht gezogen worden sein.

Angetrieben wurde der T1 von einem 1,2-Liter-Vierzylinder-Boxermotor, der im Heck untergebracht war und 25 PS lieferte. In späteren Varianten erfolgte eine Aufrüstung auf schwindelerregende 40 PS. Die Produktion dieser Motorvariante wurde jedoch wegen Unzuverlässigkeit bald wieder eingestellt. Der Motor mit seinen Graugusszylindern, geschmiedeten Pleuelstangen, einer im gleichen Verfahren gefertigten Kurbelwelle sowie Kolben und Zylinderköpfen aus Gussaluminium war mit seinem unverkennbaren Knattern einer der Hauptgründe für den Erfolg von Volkswagen. Der T1 ist luftgekühlt, wobei die gerippten Zylinderoberflächen der durchströmenden Luft die größtmögliche Angriffsfläche bieten. Die Konstrukteure hatten sich gegen eine Wasserkühlung entschieden, und so konnte der Typ 2 mit einem Heckmotor ausgestattet werden.

Drei verschiedene Modelle des T1 Kleinbusses wurden zwischen 1950 und 1967 produziert. Der T1a, produziert bis 1955, besitzt eine ausladende Heckklappe, die dem Modell unter Fans im englischsprachigen Raum den Namen »Barndoor« (Scheunentor) einbrachte. Diese Fahrzeuge sind bei Sammlern bis heute hochbegehrt.

Ab 1955 wurde die Karosserie des Modells leicht modifiziert; es erhielt einen kleineren Motorraum mit kleinerer Heckklappe, kleinere Räder und ein verändertes Innendesign – der T1b war geboren.

Das letzte der drei Modelle, der T1c, ging 1963 in Serie. Durch Änderungen an den Türen konnte der Käufer zwischen einer breiteren Klappe hinten oder einer Schiebetür an der Seite wählen. Dieses Modell war der letzte in Deutschland hergestellte T1-Transporter.

Ab 1967 wurde die Produktion in Brasilien fortgeführt, wo mit dem T1.5 ein brasilianischer VW-Bus entstand, dessen Gestaltung von den Standardmodellen abwich. Die brasilianischen Modelle sind bis heute begehrte Sammlerstücke – besonders unter Amerikanern, die zur Beschreibung ihrer Fahrzeuge oft die Anzahl der Fenster nennen: die wenigen erhaltenen Sambas mit 23 Fenstern sind die begehrtesten und teuersten VW-Bus-Oldtimer.

Vor der Einführung des T1c wurde der Bulli noch einmal tüchtig aufgepeppt,

◀ Der T1 prägte als Kleintransporter eine ganze Ära

▶ Der VW-Bus ist der perfekte Werbeträger für gewerbliche Dienstleistungen

was die Weichen für die Zukunft des Transporters stellte. 1962 brachte Volkswagen ein Modell mit verstärktem Chassis und einer um ein Drittel höheren Ladekapazität auf den Markt – eine Tonne statt 750 kg. Es verfügte entsprechend über einen 1,5-Liter-Motor. Da sich der T1c zunehmender Beliebtheit erfreute, wurde die Produktion des leichteren Modells eingestellt. Erhöhte Flexibilität und Beliebtheit hatten einen positiven Einfluss auf die Marktfähigkeit des 1968 eingeführten T2.

Die stolzen Bulli- bzw. Splittie-Besitzer und -Enthusiasten, die heute einen Großteil der Fangemeinde des VW-Busses ausmachen, tauschen untereinander nur allzu gern Einzelheiten über ihre geliebten Fahrzeuge und Fotos sowie Informationen über Wartung und Instandsetzung aus. Bulli-Besitzer in spe finden so leicht Hilfe – von Betriebsanleitungen und Handbüchern zur Restaurierung bis zu Clubs und Online-Communitys. Diese Quellen liefern eine Fülle von Informationen, Kauftipps, Ratschläge zum Korrosionsschutz in weniger günstigen Klimazonen, zum Umgang mit der Verkabelung und Elektrikproblemen, zur Motorwartung, zur Umrüstung des

▶ 1954: Ein Coca-Cola-Lieferwagen

VW-Busses und zur Behebung allgemeiner Fehler.

All das zeigt, wie begehrt der älteste Bulli, besonders der T1a mit der ausladenden Heckklappe, bei Sammlern ist. Es sind seltene Fahrzeuge, die mitunter nur noch schwer zu finden sind. Wer ein stolzer Bulli-Besitzer werden möchte, sollte jedenfalls nicht erwarten, dieses Kultmobil ohne große Mühe zum Schnäppchenpreis zu finden, besonders wenn es in überdurchschnittlich gutem Zustand ist.

TRINK
Coca-Cola
EISKALT
Coca-Cola
EISKALT
BN 84-6216

# Typ 2 T2

▶ VW T2, 1973

ZUM AUFFÄLLIGSTEN AM 1968 EINGEFÜHRten T2 gehörte der Verzicht auf ein Markenzeichen seines Vorgängers: die geteilte Windschutzscheibe. Im englischsprachigen Raum hieß das Modell unter Enthusiasten »bay window« (Erker) oder wegen seiner kantigen, klobigen Gestalt auch »Brotlaib«, andernorts wie sein Vorgänger »Kombi« oder »Bulli«, in Dänemark »Rugbrod« (Roggenbrot). Der T2 sah deutlich anders aus als das Vorgängermodell, und seine neue, gewölbte Windschutzscheibe gewährte dem Fahrer eine erheblich bessere Sicht. Weitere Verbesserungen wie der größere Laderaum und die höhere Nutzlast zeigten deutlich, dass die Leute von VW sich den Herausforderungen der Zukunft stellten und nicht zurückblickten.

Die ersten T2, die T2a mit ihrem im Vergleich zum Vorgänger deutlich stärkeren 1,6-Liter 48-PS-Motor wurden im VW-Werk in Hannover produziert. Andere spürbare Verbesserungen betrafen die Federung und das Getriebe. Der T1 hatte ähnlich wie der Käfer zur Gewichtsverminderung hinten eine mit den Verteilergetrieben verbundene Schwenkachse, was auch den Raum unterhalb der Achse vergrößerte. Allerdings wirkte sich dies negativ auf das Kurvenverhalten aus und machte den Wagen für den Fahrer manchmal unberechenbar. Deshalb kam beim T2 ein Steckachsensystem zum Einsatz, das diese Probleme löste. Im nächsten Schritt der Getriebeentwicklung nahmen sich die VW-Ingenieure einen Allradantrieb vor, der ab den späten 1970er Jahren für die VW-Busse lieferbar war.

1971 erfolgte die schrittweise Einführung des T2b, der mit einer Reihe wei-

BMW 795L

◀ In Brasilien hergestellter VW-Bus, 1973

terer Verbesserungen die anhaltende Popularität des VW-Busses festigte. Bis 1979 wurden die Busse in Deutschland gebaut, danach in Mexiko und schließlich – ab 1996 – in Brasilien, wo sie sich bis heute einer großen Beliebtheit erfreuen. Zeitgleich entwickelte Volkswagen einen Motor im Leistungsbereich zwischen 1,7 und 2,0 Litern, den man – nach dem Modell, in dem er ursprünglich zum Einsatz kommen sollte – knapp Typ 4 nannte. Zwar war diesem Modell kein dauerhafter Erfolg beschieden, wohl aber dem Motor, der ab 1972 in der leistungsstärkeren Version des T2 verbaut wurde. Zum besonderen Verkaufsschlager mauserte sich der stärkere VW-Bus in den USA und Kanada, traditionell guten Absatzmärkten.

Nicht nur die gesteigerte Leistung und Zuverlässigkeit des Typ 4-Motors bedeuteten einen großen Schritt vorwärts für den VW-Bus; außerdem verfügte das T2b-Modell über bessere Bremsen, Räder und einen größeren Motorraum. Und die neuen Lüftungsgitter sorgten für ausreichende Kühlung des stärkeren, größeren Motors. 1973 wurden VW-Busse erstmals auch mit Automatikgetriebe, ab 1976 außerdem mit dem leistungsstärks-

▼ Bulli mit Werbung für Yorkshire Water

ten 2,0-Liter-Motor angeboten. Selbstverständlich wurde auch die Sicherheit verbessert, schon allein, um die strengen Bestimmungen in den USA, einem äußerst wichtigen Markt, einhalten zu können. Der Bus erhielt deshalb eine überarbeitete Stoßstange für einen besseren Aufprallschutz sowie eine verbesserte Beleuchtung. 1975 feierte das Volkswagen-Werk in Hannover den millionsten VW-Bus.

Die 1970er Jahre dürfen u.a. als Ära des VW-Busses gelten. Ihm kam eine äußerst wichtige Bedeutung im Denken der damaligen Jugend zu: er stand für Anti-Materialismus, für die Befreiung von gesellschaftlichen Zwängen, für sexuelle Freiheit sowie für grenzenloses Reisen

◀ T2a (links) und T2b (rechts)

und unbeschränkte soziale Beziehungen, die über Familie und Arbeitsleben hinausgingen. All das öffnete den Horizont einer Generation und versetzte dem überkommenen Rassen- und Klassenverständnis einen herben Schlag. So ersetzten die VW-Bus-Besitzer dieser Zeit das Volkswagen-Emblem an der Front des Busses gern durch das Peace-Symbol oder bemalten ihre Lieblinge von Hand mit individuellen Mustern. Aufgrund seines großen Innenraums fanden im VW-Bus auch die damals häufigen Anhalter bequem Platz. Trampen galt in den 1970er Jahre als beliebte Fortbewegungsart, bei der man Gleichgesinnte treffen und neue Freundschaften schließen konnte.

Aber alles hat ein Ende. In den späten 1970er Jahren hatte der Mainstream die Hippie-Kultur zu einem guten Teil integriert und die Bewegung viel von ihrem Elan verloren. So wurde der T2 durch ein neues Modell ersetzt, während ein völlig anderes, materialistischeres Lebensgefühl die Gesellschaft allmählich durchdrang. Das bedeutete aber keineswegs das Ende des T2. Noch lange,

▶ Devon Camper, 1968

▼ Amescador Camper, 1978

nachdem seine Entwicklung eine andere Richtung eingeschlagen hatte, wurde der T2 für den südamerikanischen Markt immer weiter angepasst, was 1991 zur Einführung des T2c-Modells führte. Der Hauptunterschied zum T2b bestand im höhergelegten Dach und der damit verbundenen Vergrößerung des Innenraums; dazu kam ab 1996 neben dem traditionellen luftgekühlten in einigen Modellen auch ein 1,4 Liter Golf-Motor zum Einsatz. Dieser Motor, der aus Gründen der Umweltverträglichkeit wassergekühlt war, markierte insofern einen Bruch mit der Tradition des VW-Busses, als er ein Frontmotor war , der einen Kühler benötigte. Beides veränderte das Aussehen des Fahrzeugs stark.

Der T2 ruft zwar bei den Bulli-Fans weniger Begeisterung hervor als der puristische T1, aber die von Volkswagen in den 1970er Jahren vorgenommenen Veränderungen kamen dafür der Sicherheit, Zuverlässigkeit und Leistung des VW-Busses zugute. Außerdem bot der Bulli immer mehr und immer komfortableren Innenraum und ließ sich trotz weit höherer Motorleistung besser fahren. Die noch fahrtüchtigen T2-Modelle sind heute oft in besserem Zustand als die schon in die Jahre gekommenen T1, einfacher zu pflegen, und auch Ersatzteile sind leichter aufzutreiben. Wer auf der Suche nach einem authentischen Stück VW-Bus-Geschichte mit einem vernünftigen Maß an Komfort und Sicherheit ist, der findet im T2 heute einen guten Kompromiss. Er ist noch immer weit verbreitet und sehr günstig zu haben, auch wenn man den Fahrzeugzustand unbedingt berücksichtigen sollte.

HPR 330F

# Typ 2 T3

DER 1979 EINGEFÜHRTE T3 DARF ALS KONsequente Weiterentwicklung des T2 und als gutes Beispiel für die von Volkswagen verfolgte Strategie »Evolution statt Revolution« gelten. Zugleich aber war er auch ein Versuch, mit der Vergangenheit zu brechen und den VW-Bus als modernes Fahrzeug auf dem Markt zu positionieren. Das letzte Modell mit Heckantrieb unterschied sich deutlich von seinen Vorgängern. VW erholte sich gerade von einer Krise und hatte Schlimmeres durch einen neuen Führungsstil und eine deutlich erweiterte Modellpalette abgewendet. Viele der neuen Modelle hatte man wenige Jahre zuvor bei der Übernahme des vormaligen Konkurrenten Audi übernommen. Anstelle spröder Bezeichnungen wie »Typ 1« und »Typ 2« warb VW nun mit Namen wie Golf, Polo oder Passat. Dieser Strategiewechsel, mit dem sich VW als moderner Autohersteller zu

◀ T3 mit luftgekühltem Motor

positionieren suchte, sollte auch in einem der erfolgreichsten VW-Produkte seinen Niederschlag finden.

Auch der T3 war in zahlreichen Modellen, etwa als Kleinbus oder Camper erhältlich. Von Westfalia und anderen Umrüstern gab es weitere Camper-Varianten. Man kannte den T3 weltweit unter verschiedenen Namen, in Großbritannien und Irland als T25 oder Caravelle, in den USA und Kanada als Vanagon (aus van und waggon). Einige Besonderheiten dieses Modells beruhen auf Anpassungen, um es dort vermarkten zu können. Der 1980 eingeführte T3 setzte den Trend der Raum-Maximierung fort: Er war breiter, der Motor befand sich an neuer Position, und eine größere Hecktür bot weit besseren Zugang zum Innenraum. Allerdings hatte er die markanten runden, fließenden Linien seiner Vorgänger eingebüßt und wirkte deshalb kantiger und klobiger. Ein Grund für den neuen Entwurf und den damit verbundenen Bruch mit der Vergangenheit ist wohl im Zwang zur Erfüllung der modernen Vorgaben zum Aufprallschutz zu suchen.

Der T3 brachte auch erheblich mehr Gewicht auf die Waage, sodass er zunächst vielfach als untermotorisiert bewertet wurde. In seinen Anfangsjahren wurde er mit ähnlichen luftgekühlten Motoren wie der T2 verkauft, so beim Start mit einem eher kleinen 1,6 Liter Hubraum. Ab 1982 vergrößerten sich die Motoren nach und nach bis auf 2,1 Liter. Mit der Einführung der »Wasserboxer«-Motoren, die von VW speziell für den US-Markt entwickelt worden waren und nur dort zum Einsatz kommen sollten, wurde das Fahrzeug im Jahr 1983 auf Wasserkühlung umgestellt. Auch gab es eine Diesel-Variante, und ab 1985 gesellte sich ein allradbetriebener T3 mit Synchrongetriebe dazu.

Für VW war der Wasserboxer-Motor ein Aufbruch in eine neue Zeit, und wie bei vielen anderen damaligen Entwicklungen in der Fahrzeugtechnik waren die gesetzlichen Emissionsvorgaben dafür verantwortlich. In besonderem Maße wirkten sich diese strengen Gesetze auf europäische Fahrzeuge aus, die für den extrem wichtigen amerikanischen Markt bestimmt waren; sie sorgten für den erheblichen Leistungsverlust einiger britischer Sportwagen, die viele PS an die amerikanischen Gesetzesvorgaben verloren (mitunter so viele, dass die Attraktivität des Fahrzeugs unwiederbringlich verloren war). Es stand also einiges auf dem Spiel, denn Hersteller, die auf dem amerikanischen Markt Fehler machten, hatten in den nächsten Jahrzehnten einen schweren Stand.

Das innovative Design des Wasserboxer-Motors machte den Antriebsriemen überflüssig und veränderte die Zy-

◀ T3 Caravelle

▶ Westfalia Atlantic, 1990

linderkonstruktion, verminderte aber zugleich die Zuverlässigkeit, insbesondere des Kühlsystems. Versagen der Zylinderkopfdichtung oder gar Motorschäden waren keine Seltenheit. Bulli-Fans raten den Käufern von Modellen dieser Zeit deshalb zu einer intensiven Begutachtung der Zylinderkopfdichtungen und des Kühlsystems.

Volkswagen bekam die Probleme bezüglich Leistung und Emissionen durch den Einbau neuer Motoren in den Griff – aber wie verhielt es sich mit der Ausstattung und dem Fahrverhalten? Beim T3 waren Sicherheit und Komfort erheblich verbessert worden, und er gehörte zweifellos zu einer neuen Generation von Fahrzeugen. Außerdem durfte sich das Modell besserer Bremsen, einer Servolenkung und weiterer Ausstattung rühmen, die damals immer mehr zum Standard wurden, etwa Zentralverriegelung oder beheizte Spiegel. Optional gab es den T3 auch mit Klimaanlage, jedoch mit einer eher unkonventionellen, die das Fahrzeuginnere durch offen verlegte Leitungen verunstaltete. Zwar verbesserte VW sie später, aber sie stellte bei den Fahrzeugen aus dieser Ära ein eher zweifelhaftes Feature dar. Zu den weiteren Eigentümlichkeiten der frühen Modelle zählten das nicht immer zuverlässige manuelle Getriebe und die eigenwillige Unterbringung von wartungsabhängigen Bauteilen, so des Behälters für die Bremsflüssigkeit hinter dem Armaturenbrett oder der Batterie unter dem Beifahrersitz.

Die letzten T3 für den europäischen Markt liefen 1989 vom Band; ein Jahr später kam der T4 auf den Markt. Allerdings wurden in den frühen 1990er Jahren in Deutschland und Österreich noch ein paar begehrte T3 Sondermodelle mit Allradantrieb für die Deutsche Post hergestellt. In Südafrika, wo er als Volksiebus bekannt war, gab es den T3 mit einer modifizierten Karosserie und einem stärkeren Motor mit Einspritzung bis 2002. Einige der späteren Modelle durften gar mit einem 5-Zylinder-Motor von Audi prahlen.

Der T3 brachte den VW-Bus als modernes und praktisches Nutzfahrzeug in die nächste Automobil-Epoche und ermöglichte ihm, die Hippie-Assoziation loszuwerden, die ihn vielleicht schon bald vom Markt hätten verschwinden lassen. Aber der Preis dafür war hoch: Er büßte viel von seiner Eigenart und sei-

nem Charakter ein. Im Nachhinein kann man durchaus anerkennen, dass diese geschickte Neupositionierung den Weg für viele Entwicklungen im Fahrzeugdesign freimachte, die die nächsten zwei Jahrzehnte dominieren sollten. Für Fans und Sammler der T1- und T2-Modelle jedoch musste der T3 sicherlich das Ende einer Ära markieren.

# T4 Eurovan

▶ T4 Eurovan Reisemobil

MIT DEM T4 EUROVAN KAM IN DEN USA 1990 ein völlig neu konzipierter VW-Camper mit vier Schlafplätzen auf den Markt, der den älteren und bereits überholten T2 ablösen sollte. Trotz seiner deutlichen Kastenform war er dank des erstmals in der VW-Bus-Geschichte verwendeten Frontmotors kleiner und kompakter als seine Vorgänger. Als ausgeklügeltes Reisemobil trumpfte der T4 Eurovan sowohl mit der hohen Zuverlässigkeit des T2 als auch mit Mikrowelle, Backofen, Dusche, Satellitennavigation sowie Fernseher und CD/DVD-Spieler auf, auch wenn ein Teil dieser Ausstattung erst im Laufe der Zeit dazukam.

Mit seinem Turbodiesel-Motor war der T4 Eurovan viel verlässlicher als seine Vorgänger und mit der neuen Servolenkung, den Servobremsen, dem Fünf-Gang-Getriebe und der modernen Heizung all den Umrüstungen von Devon, Viking und Dormobile seit der Mitte der 1960er Jahre weit überlegen. Den Charme und die Extravaganz der VW-Reisemobile der letzten rund 25 Jahre bewahrend, wurden der T4 Eurovan und seine europäischen Pendants – in Deutschland der Multivan und der California – zu großen Erfolgen.

Die T4-Camper ließen sich ans Stromnetz anschließen, auch wenn man auf vielen Campingplätzen noch immer vergeblich nach Steckdosen suchte. Zu den weiteren Komfortmerkmalen zählten Standard-Geschirr, Besteck, Fahrradbügel und ein zusätzlicher Tisch, der den Käufern ein Gefühl von Gemütlichkeit fern der Heimat vermittelte. Oft war auch ein freistehendes Vordach oder ein Zelt dabei, was besonders bei Fans des Allwettercampings Anklang fand.

Doch trotz aller attraktiven Merkmale kritisierten viele Fans der älteren VW-

Camper den modernen Eurovan: Er habe nicht mehr den Charme und die Ausstrahlung seiner Vorgänger und vermittle nicht mehr dasselbe Gefühl von Freiheit. Bei Volkswagen dachte man schon seit längerem über eine Rundumerneuerung

▶ T4 Eurovan Transporter TDI

der beliebten Reisemobile nach. So gab es schon in den späten 1970er Jahren Pläne für einen moderneren VW-Bus, der den T2 ablösen sollte. Wie schon ein paar Jahre zuvor bei seinen anderen Fahrzeugen wollte VW auch in den neuen Bussen einen Frontmotor mit Wasserkühlung einsetzen, denn die Probleme mit der Überhitzung der Heckmotoren schadeten dem Image.

Die Antwort des Unternehmens auf die Probleme fand sich im 1980 auf den Markt gebrachten T3 – noch immer mit Heckmotor, was vermutlich eine eher unternehmenspolitische Entscheidung war. Erst zehn Jahre später erschien mit dem T4 der erste VW-Transporter mit Frontmotor und Vorderradantrieb. Der Achsabstand ließ eine sehr flexible Verwendung zu, vom dreiachsigen Kleinbus bis hin zum langen Einsatzfahrzeug für Notärzte. Auch der quer eingebaute TDI-Dieselmotor mit vier, fünf oder sechs Zylindern ließ damals aufhorchen.

Im Gegensatz zum T2 war der T4 mit neuester Technik ausgerüstet und entwickelte sich zum Verkaufserfolg. Erst 14 Jahre später rollten die letzten T4-Modelle 2003 vom Band. Selbst danach kursierten noch Gerüchte, der chinesische Markt würde den T4 gern weiter am Leben halten.

Während seiner ganzen Produktionszeit wurde lediglich eine wesentliche Änderung am T4 vorgenommen, und zwar 1994 mit der neu gestalteten Front. Sie wurde durch den VR-6-Zylindermotor notwendig. Die so entstandenen beiden „Hybrid-Versionen" wurden von VW-Fans als T4a und T4b bezeichnet, und da sich Personenbusse aus Europa in den USA immer größerer Beliebtheit erfreuten, wurde der Eurovan dort ein echter Kassenschlager. Viele T4 gingen in den USA direkt an Werkstätten wie Winnebago Industries und Rialtas, die sie umrüsteten und dann an die Händler von Winnebago Campern lieferten.

Der Eurovan-Camper war ein handelsüblicher Kleinbus mit langem Achsenabstand, der in den USA hauptsächlich von Winnebago Industries umgebaut und u. a. mit einem Poptop-Dach und zwei Doppelbetten ausgestattet wurde. Optional waren ein oder zwei Mittelsitze, ein Tisch für vier Personen und zwei Schalensitze zu haben, die so entworfen waren, dass sie sich in Richtung Essecke und Küche drehen ließen.

DAYTONA
P543 TWL

# T5 / T6

▶ T5 California

13 JAHRE NACH DEM T4 KAM 2003 DER T5 auf den Markt, wie sein Vorgänger ein innovativer Transporter, der sich leicht umrüsten lässt. Seit dem zweiten Facelift im Juli 2015 wird er als T6 vermarktet. In seinen vielen verschiedenen Erscheinungsformen ist der T5 / T6 stark präsent auf dem europäischen Markt. Es gibt ihn als Kleintransporter ohne hintere Seitenscheiben und Rücksitze mit drei verschiedenen Dachhöhen, so einer »Highroof«-Version mit extra hohem Dach und als Kleinbus mit zwei verschiedenen Dachhöhen, Seitenscheiben hinten und herausnehmbarer Rückbank.

Der Kleintransporter ist auch als »Halbkastenwagen« mit Seitenscheiben in der vorderen Hälfte, einer herausnehmbaren Rücksitzbank, als Doppelkabine (Doka) mit offener Ladefläche und Kabine mit zwei Sitzreihen erhältlich. Und auch als

▶ Der VW-Bus im Laufe der Jahrzehnte

Pritschenwagen mit Ladefläche oder nur als Fahrgestell mit Kabine, damit die Karosseriebauer das Fahrzeug mit Sonderaufbauten den individuellen Bedürfnissen anpassen konnten. Das weitere Angebot an Sonderversionen, von denen einige bei VW-Vertragshändlern zum Verkauf standen, umfasste Krankenwagen, Streifenwagen, Feuerwehrfahrzeuge, Kühlwagen und zahlreiche andere.

Aber der T5 / T6 ist nicht nur ein vielseitiges Nutzfahrzeug für den kommerziellen und privaten Gebrauch, sondern konnte auch an die Bedürfnisse anspruchsvoller Reisender oder Familien angepasst werden. Die in Europa Kombi oder Shuttle genannte Kleinbus-Version bietet problemlos Platz für bis zu neun Personen. Der Caravelle und der Multivan, die luxuriöseren Varianten, verfügen zwar nur über je sieben Sitze, die sich aber ganz nach den Wünschen der Passagiere anordnen ließen. Ein Schienensystem im Fahrzeugboden, das durch den ganzen Innenraum verlief, ermöglicht das Verschieben der Sitze und damit beliebige Sitzanordnungen.

Das Tüpfelchen auf dem i waren die Reisemobile wie der California Beach oder California Comfortline als Umbauten des T5. Der California Beach verfügte über ein Ausklappbett, während der Comfortline eher einem traditionellen Reisemobil entsprach, mit Einrichtungsmerkmalen wie Betten, Sitzgruppe, Tischen, Herd und Spüle.

Noch im Jahr seiner Einführung, 2004, wurde der T5 in Europa als »Internationaler Van des Jahres« ausgezeichnet, im Jahr darauf als »Australiens Lieferwagen des Jahres«. 2006 verliehen die Australier dem T5 diesen Titel erneut; bis heute wird seine Vielseitigkeit in der ganzen Welt geschätzt.

Ein neues Reisemobil auf VW-Basis kostete in den späten 1960er Jahren je nach Ausstattung zwischen 850 und 1300 Britische Pfund (1968 etwa 8000 bis 12 500 Deutsche Mark, was bis zu elf durchschnittliche Monatsgehälter entsprach), ein recht luxuriöser VW T6 California Ocean ist heute ab etwa 58 000 Euro zu haben. Bei seiner Einführung in Australien 2006 waren die zahlreichen Käufer von ihrem neuen Liebling, dem Kombi Beach, begeistert, während einige Besitzer früherer VW Camper die neue Version mehr an ein teures Bett auf Rädern erinnerte. Aber trotz aller Nörgelei in Bezug auf Aussehen und Preisgestal-

tung wurde der California zum Liebling der Fangemeinde, auch bei den Freiheitsliebenden und Surfern. Heute ist wohl keiner mehr begeistert, wenn Freunde

Die Zukunft des Campers

die Innenwände seines Reisemobils bekritzeln, und bei all dem Hightech an Bord ist vom einfachen Campen der frühen Jahre nichts mehr zu spüren. Dennoch kann man auch mit dem T5 oder T6 noch immer losfahren, alles hinter sich lassen und den Traum von grenzenloser Freiheit leben.

# Dormobile

▶ Dormobile, 1972

DER T2 ERFREUTE SICH MIT SEINEM VÖLLIG neuen Konzept großer Beliebtheit und Nachfrage und rief damit eine ganze Reihe von Unternehmen auf den Plan, die gute Geschäfte auf einem Nischenmarkt witterten. Schon bald boten sie umgebaute T2-VW-Busse an, etwa Reisemobile. Offizieller Volkswagen-Partner für diesen Bereich war Westfalia, doch in Großbritannien betrat mit Dormobile ein Konkurrent den Ring und bot sowohl fertige, auf dem T2 basierende Reisemobile als auch Umrüstkits für den Heimwerker an. Die Dormobile-Umrüstung umfasste Sitze, die man zu Betten ausziehen konnte, ausklappbare Segeltuchdächer oder auch die komplette Innenausstattung sowie einen verstärkten Boden, der das zusätzliche Gewicht des Dachs auffing. Vielfach stellte Dormobile auch maßgeschneiderte Ausstattungsteile her, und jeder umgerüstete VW-Bus war mit einer speziellen genieteten Plakette gekennzeichnet. Aufgrund der somit fast unbegrenzten Vielfalt an Umrüstungsoptionen wurde der Name Dormobile in Großbritannien zum Inbegriff für Reisemobile.

Die ursprünglich unter dem Namen Martin Walter Ltd. bekannte, renommierte Firma aus Kent blickte auf eine bis ins 18. Jahrhundert zurückgehende Tradition im Karosseriebau zurück. Als die Ära des Automobils anbrach, trat das Unternehmen unmittelbar auf den Plan und lieferte im Laufe der Zeit Karosserien für Marken wie Mercedes Benz, Daimler und Rolls-Royce. Der in den 1950er Jahren einsetzende Campingboom, der für gut ein Jahrzehnt die Autoszene aufmischte, führte schließlich zur Neuausrichtung des Unternehmens. Die Marke Dormobile war geboren, deren Einfluss auf die britische Liebe zu Campern kaum überschätzt werden kann, denn seine Reise-

VRB
726 K

mobile waren kostengünstige Alternativen zu konventionellen Wohnwagen. In den 1950er Jahren explodierte die Zahl der Campingfans regelrecht, und Dormobile arbeitete neben VW auch mit vielen anderen Herstellern zusammen. Der Dormobile-Camper basierte auf einem Chassis von Ford, und ab den 1950er Jahren begegnete man auf den Straßen Großbritanniens der Dormobile-Version eines Bedford-Kleinbusses ziemlich häufig.

Der Dormobile-T2 erfreute sich wegen des charakteristischen Aufstelldachs, oft teilweise aus buntem Segeltuch, großer Beliebtheit. Mit einer Höhe von 2,40 m bot er mehr als genug Platz auch für den größten Camper und ermöglichte unter anderem den Einbau von zwei Schlafkojen übereinander und zusätzlichen Kinderbetten. Zu den weiteren Annehmlichkeiten für die VW-Dormobile-Fahrer und ihre Familien zählten ein bis zu 11 Liter großer Wasservorrat, ein Kleiderschrank und ein Herd. Viele Dormobiles waren zudem mit dekorativen Vorhängen und Polsterungen ausgestattet und inspirierten zu individuellen Lackierungen.

Dieses preiswert und praktisch umgerüstete Modell machte Wohnmobile für eine völlig neue Gruppe begeisterter Urlauber erschwinglich, und schon bald fanden auch gebrauchte Dormobiles reißenden Absatz bei jungen Leuten, die mit Freunden günstig verreisen wollten – ein nach wie vor aktueller Trend.

Gegen Ende der 1960er Jahre ließ jedoch die Nachfrage nach Dormobile-Campern nach – nicht zuletzt aufgrund der neuen preiswerteren Wohnwagen wie dem Sprite und der zunehmenden Beliebtheit von Flugreisen. Dies führte zu einer weiteren Unternehmensneuausrichtung, diesmal weg vom Campen und hin zur Produktion eigener kleiner und mittelgroßer Busse. Nach 1970 baute Dormobile nur noch sehr wenige Fahrzeuge um; 1994 stellte das Unternehmen dieses Betätigungsfeld endgültig ein.

Ein Dormobile-Camper könnte nur schwer mit den geräumigen, luxuriösen Wohnmobilen von heute mithalten, die die Autobahnen in Europa und den USA füllen und auf den Campingplätzen die besten Standplätze für sich beanspruchen, denn in diesen gehören alle mög-

◀ ▼ Diese Werbeaufnahmen veranschaulichen die Lebensart der Camper

▶ T3 Dormobile

lichen Annehmlichkeiten wie Strom, Wasser, Platz zum Verstauen von Fahrrädern, Satelliten-TV, Mikrowelle, bequeme Doppelbetten und Toiletten zum Standard. In ihrer Blütezeit aber waren die Dormobiles eine echte Innovation, und dank ihrer anhaltenden Beliebtheit kann man sie noch immer auf den Straßen und an den beliebtesten Ferienorten antreffen, vor allem in Großbritannien.

Bis heute zaubern sie den Menschen ein Lächeln ins Gesicht und wecken bei ihnen vielleicht den Wunsch, mit an Bord zu sein. Und bis heute sind gebrauchte Dormobile-Busse ausgesprochen begehrt, was den zahlreichen kleinen Unternehmen ein Auskommen verschafft, die die Enthusiasten mit den nötigen Ersatzteilen versorgen.

# Riviera

▶ Riviera, 1978

WÄHREND DAS SEGELTUCH-AUFSTELLdach charakteristisch für die europäischen Bulli-Camperumrüstungen war, schwörte man in den USA auf den ASI Riviera mit seinem »Poptop«-Dach, einer zentralen, von gekreuzten Streben getragenen Dachplatte aus Fiberglas. Durch Schieben der Streben nach oben, schafft man mehr Platz im Mittelbereich des Busses. Dachplatten in unterschiedlicher Größe waren genauso erhältlich wie Modelle mit fest angebrachtem, herausstehendem Dach. Bei einigen konnte der zusätzliche Platz gar als Lagerraum oder zusätzlicher Schlafplatz genutzt werden. Und wie bei den Dormobiles verband meist ein Segeltuch das Hebedach mit der Karosserie. Der Umrüstungspreis schloss zudem alle erforderlichen Veränderungen im Innenraum ein.

Der Riviera wird für immer mit der nordwestlichen Pazifikregion der USA verbunden sein, denn seine Entwickler, Automotive Services Incorporated (ASI), ein Autohersteller im eigentlichen Sinn, und der Autohändler Riviera hatten ihren Sitz in den US-Bundesstaaten Washington respektive Oregon. Beide gingen eine Partnerschaft ein, um die enorme lokale Nachfrage nach VW-Campern zu bedienen. Der offizielle VW-Camper von Westfalia war so beliebt, dass die Nachfrage in ungeahnte Höhen stieg. Deshalb schlug Riviera ASI vor, gemeinsam einen Entwurf für eine alternative Umrüstung des T2 und des T3 zum Camper auszuarbeiten. Diese Modelle waren dank der VW-Firmenpolitik leicht erhältlich, denn Importeure von Westfalia-Reisemobilen mussten zugleich auch VW-Busse bestellen. Das neue Auto kam unter dem Namen »Campwagen« auf den Markt.

Ab Mitte der 1970er Jahre erhältlich, wurde der »Campwagen« als »Campmo-

bil mit dem Herzen eines Volkswagens« (später »Campmobil mit dem Herzen eines Vanagon«) angepriesen. Die Verkaufsbroschüre präsentierte die umgebauten Kleinbusse vor malerischen Berggipfeln oder an ruhigen Seeufern, während die Camper, vor allem Familien und ältere Paare, beim Essen inmitten des gehobenen Interieurs oder gar gemütlich im Bett zu sehen sind. Neben den Campern mit Poptop-Dach gab es auch Varianten mit fest angebrachtem Dach, die zusätzlichen Platz boten. Bei einigen Modellen war dank zusätzlicher Fenster der Innenraum auch heller und besser belüftet.

LFN 59N

Zur Standardausrüstung der Modelle Vista, Penthouse und Plan I gehören ein zweiflammiger Gasherd, Schaumstoffmatratzen mit schmutzabweisenden Bezügen, durchgehender Teppichbelag, ein Wäscheschrank, eine Besteckschublade und farblich abgestimmte Vorhänge. Das Riviera-Marketing strich besonders seine gemütliche Atmosphäre und den großzügigen Stauraum hervor. Zu den optionalen Extras gehörten eine Klimaanlage, eine Stereoanlage und ein Vordach. Man konnte seinen Camper auch mit einer Kühlbox oder einer geruchsfreien chemischen Toilette ausstatten, und unter dem Poptop-Dach ließ sich als Kinderschlafplatz eine Hängematte spannen. Der gesunde Wettbewerb zwischen ASI und Westfalia auf dem US-Camper-Markt führte dazu, dass die Innovationen des einen Herstellers schon bald auch in den Modellen des jeweils anderen Herstellers zu finden waren.

Der VW-Camper gilt als Inbegriff des Lebensstils der kalifornischen Surfer. Aber auch die nördlich an Kalifornien anschließende Nordwestpazifikregion hat ihre eigene lange und leidenschaftliche Bulli-Tradition vorzuweisen, die wohl nicht zuletzt auf die spektakuläre Berglandschaft und die atemberaubende natürliche Schönheit dieser feuchten und regnerischen Region zurückzuführen ist. Zu den bezaubernden Orten, die man mit seinem Camper besuchen kann, gehören das kosmopolitische Seattle und das gemütliche Portland, die Kaskadenkette, eines der aktivsten Vulkangebiete Amerikas mit dem Mount St. Helens, der Puget Sound und die San Juan Islands, der arktische Mount-Rainier-Nationalpark und die spektakuläre Columbia River Felsenschlucht. Bei all diesen Naturschönheiten und den Verlockungen Kanadas gleich hinter der nahen Grenze war es kein Wunder, dass so viele Menschen Gefallen daran fanden, sich in einen Camper zu setzen und damit raus in die Natur zu fahren.

Zahlreiche Vereine und Gruppen von Bulli-Fans sowie Anbieter von Urlaubstouren mit rundumerneuerten Westfalia- und Riviera-Campern sind auf diese Region am Pazifik ausgerichtet. Man kann mit Fug und Recht sagen, dass eine Reise durch die US-Bundesstaaten Oregon und Washington bis nach Vancouver zu den klassischen amerikanischen Roadtrips zählt – ein Erlebnis, das die Herzen aller VW Camper-Fans höher schlagen lässt.

◀ Nach Großbritannien importierter Camping-Bulli

# Sundial

▶ Werbebroschüre für einen Sundial-Umbau des T1

AUCH SUNDIAL REAGIERTE MIT SEINEN Umrüstungen auf die enorme Nachfrage nach Campern in Nordamerika, wo die neuen Westfalia-Modelle fast überall ausverkauft waren. Die Produktionszahlen dieser in Deutschland gefertigten Busse waren nämlich mit nur 1000 Exemplaren in den ersten sieben Jahren nicht gerade hoch. Andere VW-Transporter-Modelle dagegen konnten die Händler manchmal kaum loswerden – das Ergebnis der VW-Unternehmenspolitik, Westfalia-Modelle nur an Importeure zu liefern, die auch andere Modelle verkauften. Man kann sich vorstellen, dass die Händler nicht gerade glücklich waren und nach Lösungen suchten.

Die Idee hinter dem Sundial-Projekt war sehr einfach: Man kauft die überall erhältlichen VW-T2-Lieferwagen oder -Kleinbusse auf und baut sie zu heißbegehrten Campern mit bis zu sechs Schlafplätzen um. Besonders an der amerikanischen Westküste rissen sich die Händler förmlich um VW-Camper, und Sundial schuf ein einfaches, schnörkelloses Produkt genau für sie.

Die ab Mitte der 1960er Jahre erhältlichen Sundial-Modelle erfreuten sich in den USA und in Kanada großer Beliebtheit. Die ersten waren noch Umrüstungen des T1 mit der charakteristischen geteilten Windschutzscheibe; sie sind unter Sammlern mittlerweile äußerst begehrt! Bei den heute zum Verkauf stehenden Exemplaren dieser Version sollte man vor dem Kauf allerdings Vorsicht walten lassen: Manchmal lässt sich nur schwer erkennen, ob ein VW-Camper wirklich von Sundial umgerüstet wurde oder ob es sich nicht doch um ein Unikat der Marke Eigenbau oder auch um ein Produkt eines der unzähligen kleinen Umrüster in aller Welt handelt.

# sundial

# camper

Wer mehr über die Herkunft eines Campers erfahren möchte, kann die Seriennummer des betreffenden Fahrzeugs mit von Bulli-Fans erstellten Listen abgleichen. In vielen Fällen liefert dies einen Hinweis auf das Ausgangsmodell. Sundial baute hauptsächlich Kastenwagen um, was man den meisten Campern dieser Firma auch äußerlich deutlich ansieht. Die Meinungen der Bulli-Enthusiasten zu diesen Modellen gehen weit auseinander. Für manche schadet die Sundial-Umrüstung dem Charme des Bulli in erheblichem Maße, andere dagegen vermag der Camper gerade durch die vorgenommenen Änderungen zu be-

▼ VW-Camper von Sundial

geistern. Die Sundial-Camper hatten auf der Beifahrerseite eine nach außen öffnende Doppeltür und in der Regel ein höher gelegtes Fiberglasdach, oft mit zusätzlichen Fenstern.

Zu den charakteristischen Merkmalen eines Sundial gehören die drei kleinen Fenster auf beiden Seiten (auf der Fahrerseite manchmal nur zwei) in der Mitte. Meist sind es Klappfenster, seltener Lamellenfenster, die an die von Westfalia eingebauten erinnern. Wie man sieht, gestaltet sich die Suche nach der genauen Herkunft eines Busses oft ziemlich kompliziert, denn die meisten Bauteile wurden von mehreren Umrüstern verwendet. In vielen seiner Busse brachte Sundial glücklicherweise eine markante Plakette mit Firmenlogo an. Sie ist bis heute die sicherste Methode der Identifizierung, auch wenn selbst bei den Plaketten Nachahmungen vorkommen. Das Firmenlogo findet sich außerdem auf der Original-Ersatzradabdeckung. Der Boden des In-

◀ Campingbus mit aufgeklappten Doppeltüren, 1967

nenraums ist mit PVC ausgelegt, optional auch mit Teppichboden. Dazu kommen ein Sitz, der sich in ein Bett umbauen lässt, sowie ein Tisch und Schränke. Man kann sich gut vorstellen, dass es im Bus ziemlich eng zugeht, wenn die vom Hersteller angegebene Kapazität von sechs Schlafplätzen ausgeschöpft wird.

Vielleicht mehr noch als der Bus hat sich ein besonderes Teil der Sundial-Ausrüstung einen Platz in den Annalen der VW-Camper gesichert, und zwar das Vordach, das den Bereich vor den Seitentüren vor Wind und Wetter schützen soll. Gestützt durch ein am Fahrzeug angebrachtes Gestänge und mit herunterlassbaren Seitenteilen kann es in ein geschlossenes Zelt verwandelt werden. Das Vordach besteht oft aus auffälligem grünweiß gestreiftem Stoff und gilt heute als eigenständiges Sammlerstück – nicht zuletzt, weil man es auch in Verbindung mit anderen Modellen verwenden kann. Die bis heute erhaltenen Sundial-Vordächer haben oft Ersatzgestänge, da das Original aufgrund der Belastungen, denen es ausgesetzt war, häufig ausgetauscht werden musste.

# Westfalia

▶ Klassische Werbung für einen Westfalia, 1959

EINES DER HEUTE ALS SAMMLERSTÜCK BEgehrtesten Bulli-Modelle ist ein von Westfalia zum Campingbus umgerüsteter T1. Aber auch schon kurz nachdem Westfalia als Vertragspartner von VW die Bühne betreten hatte, war jeder von Westfalia umgerüstete VW-Bus Gold wert. In der zweiten Hälfte der 1960er Jahre und in den frühen 1970er Jahren verkauften sich die Westfalia-Camper vor allem auf dem nordamerikanischen Markt wie warme Semmeln. Händler erinnern sich noch heute an Kunden, die Schlange standen, um einen Blick ins Innere eines Westfalia-Reisemobils werfen zu können, und die jedes zum Verkauf stehende Modell unabhängig von der Farbe sofort kaufen wollten.

Sein hervorragendes Image und seine große Popularität führten dazu, dass die Firma Westfalia zum Synonym für Volkswagen-Camper wurde, obwohl sie nur eine von beinahe 40 VW-Umrüstern war. Unter

HE VOLKSWAGEN CAMPER
WITH WESTFALIA DE LUXE EQUIPMENT

UOA 459L

◀ Westfalia, 1973

Bulli-Fans ist und bleibt somit der im englischsprachigen Raum als Westy bezeichnete Westfalia-Camper der absolute Favorit.

Die Modelle von Westfalia gab es genauso wie die von VW selbst gebauten ausschließlich bei Vertragshändlern zu kaufen. Dank einer Auslieferungsoption konnten künftige stolze Westfalia-Besitzer ihr neues Fahrzeug auch direkt im Werk in Empfang nehmen und selbst entspannt nach Hause lenken. Eine solche Möglichkeit wird bis heute von gehobeneren Autoherstellern wie Mercedes-Benz angeboten, um Käufern entgegenzukommen, die als Einzige mit ihrem Traumauto gefahren sein möchten.

Ein weiteres, für die Verbreitung des Westfalia-Campers bezeichnendes Phänomen basierte auf der hohen Zahl der US-Soldaten, die nach dem Zweiten Weltkrieg in Deutschland stationiert blieben. Viele von ihnen kauften sich einen Bulli-Camper und nahmen ihn mit in die Heimat. Dies steigerte das Interesse an den VW-Bussen in den USA noch einmal stark und trug zur beschriebenen Nachfrage-Explosion bei.

Das Westfalia-Werk hat seinen Sitz in Rheda-Wiedenbrück, etwa 150 Kilometer vom VW-Stammwerk in Wolfsburg entfernt. Beide Werke lagen nach dem Zwei-

◀ Werbebroschüre von VW für einen Westfalia Bus

ten Weltkrieg in der britischen Besatzungszone, in der man einem Wiederaufbau der deutschen Industrie mit Wohlwollen begegnete. Die Umrüstung des Typ 2 zum offiziellen VW-Campingbus bzw. später zum Reisemobil bei Westfalia begann in den frühen 1950er Jahren mit dem T1 und währte mit zahlreichen Modellen, Optionen und Extras 50 Jahre bzw. als nicht mehr offizieller Wohnmobil-Umbau bis heute. Zwischen 1951 und 1958 wurden vermutlich rund 1000 VW-Busse umgerüstet, und im August 1958 kam eine Reihe von Sonderausführungen auf den Markt, die am Präfix »SO« (für Sonderausführung) vor dem Herstellungsjahr zu erkennen waren.

Was nun konnte ein Käufer von einem brandneuen Westfalia erwarten? Der meistumgerüstete Bulli war der Kleinbus mit Seitenscheiben und herausnehmbarer Rückbank. Die Standardausrüstung des fertigen Westfalia bot einen Klapptisch, Sitze, die in Betten verwandelt werden konnten, Einbauschränke, einen Kühl- oder Gefrierschrank und einen Wassertank. Einige Modelle verfügten außerdem über ein Waschbecken und einen Stromanschluss. Zur Innenausstattung gehörten eine Holzverkleidung, Vorhänge und Fliegengitter. Für einen Aufpreis erhielt man mehr Fahr- oder Wohnkomfort. So konnte man ein Automatikgetriebe, eine Klimaanlage oder einen Kartenhalter dazukaufen. Und wem es um den Wohnkomfort ging, dem standen zahlreiche Varianten von Zelten und Markisen, Kinderbetten, ein Camping-Herd oder eine chemische Toilette zur Auswahl.

Nicht vergessen werden sollte, dass VW nie einen werkseigenen Campingbus und lange auch keine eigenen Reisemobile produzierte. Kein anderer Umbau eines VW-Busses ist so nah am Original wie der von Westfalia. Den Status als exklusiver Umrüster von VW-Bussen behielt das westfälische Unternehmen bis 2003. Besonders die älteren Westfalia-Modelle sind heute Sammlerstücke. Dabei ist es für Interessierte wichtig zu wissen, wie die Busse vom Werk gekennzeichnet wurden. Seit der 1958 erfolgten Einführung der SO-Modelle wurde an jedem Westfalia Bus eine quadratische Plakette mit Herstellungsdatum, Seriennummer, Modellnummer, Lackierung und – falls zutreffend – Exportinformation angebracht. Die Daten dieser Plaketten, die sich hinter dem rechten Vordersitz befinden, werden als M-Code oder Ausstattungscode bezeichnet. Weitere Informationen zur Identifizierung, Restaurierung oder zum Erwerb von Westfalia-Campern findet man im Internet, in Büchern oder direkt bei den Sammlervereinen.

◀ Westfalia, 1969

# Devon

▶ Devon, 1969

DER FÜR SEINE QUALITÄT UND EICHENHOLZarbeiten bekannte Devon Bulli gehörte in Großbritannien zu den bekanntesten Umrüstungen, und das Unternehmen war eines der wenigen mit einer offiziellen Lizenz von VW. In den 1960er und 1970er Jahren erfreute sich der Devon großer Beliebtheit und wurde mit einer Herstellergarantie von VW ausgeliefert. Zwischen 1957 und 1960 trugen zwei Unternehmen wesentlich zum Phänomen Devon bei: der Karosseriebauer JP White und Lisburne Garages, verantwortlich für die Umrüstung sowie für Verkauf und Vertrieb.

1958 kam der Devon mit seiner Innenverkleidung aus heller Eiche auf den Markt. Die Ausstattung umfasste einen Tisch und zwei Bänke, die in ein Doppelbett umgebaut werden konnten, indem man den Tisch auf die Höhe der beiden Bänke absenkte. Auf den Sitzflächen lagen zehn Zentimeter dicke Schaumstoffpolster mit waschbaren Bezügen, die man nachts ausklappte und als Matratzen verwendete. Für mehr Privatsphäre konnte man auf Gleitkufen montierte Vorhänge zuziehen. Und um den Bus zu einer richtigen zweiten Heimat zu machen, brachte der Camper auch einen zweiflammigen Gasherd mit – zur Einhaltung der Sicherheitsbestimmungen musste das Gas allerdings von außerhalb des Fahrzeugs zugeleitet werden. Verstauen konnte man Dinge in einem Schränkchen und unmittelbar hinter dem Motorraum. Wie heutige Wohnmobile und Wohnwagen hatte auch der Devon ein Sonnensegel, aber anders als bei den modernen Nachfolgern ähnelte es eher einem Baldachin als einem Vordach und ließ sich seitlich erweitern. Der Tisch der Essecke konnte ausgebaut und außerhalb des Busses genutzt werden.

Die Devon Bullis wurden als praktisches, mit der Familie reisendes Feriendomizil sowie als unverzichtbare Ausstattung für den

Geschäftsmann auf Reisen beworben. Die ersten Devons galten als luxuriös und kosteten über 800 Britische Pfund – ein stolzer Preis, wenn er jeweils nur im zweiwöchigen Sommerurlaub zum Einsatz kam. Nicht unerhebliche zusätzliche Ausgaben entstanden dem angehenden »Zweitwohnungsbesitzer«, wenn er auf ein Sonnensegel oder einen Dachträger nicht verzichten wollte. Auf einer Wohnwagen- und Bootsausstellung in London wurde der Devon erstmals in drei Modellen vorgestellt: der Budgetversion Mark I und dem ähnlich wie die anderen Wohnmobile der Zeit ausgestatteten Mark II unter anderem mit Wassertank, Pumpsystem und Wasserhahn. Das Pumpsystem war im Boden integriert, und so musste man, damit Wasser aus dem Hahn floss, mit dem Fuß fortwährend auf ein Gummikissen treten.

Der als Devon Caravette beworbene Mark III richtete sich an ein ganz anderes Kundensegment, die »Gentlemen auf Reisen«, die man heutzutage als Handelsvertreter bezeichnen würde. Zu seinen Extras gehörte ein an der Trennwand zwischen

◀ Devon Samba, 1959

Fahrer und Innenraum befestigter Tisch, an dem man auf einer langen Bank sitzend arbeiten konnte. Die Bank ließ sich zu einem Einzelbett ausklappen und bei Bedarf erweitern, etwa für Wochenendausflüge mit der Familie oder Urlaubsreisen. Das Schränkchen unter der Sitzfläche bot etwas Stauraum, und im hinteren Teil befand sich ein offener Kleiderschrank. Im Mark III als Büro auf Rädern konnten die Handelsreisenden auch ihre Kunden empfangen. Die Devon-Werbekampagne für den Mark III strich besonders heraus, dass die Käufer im Bus autark waren, sich stets auf »Heimterritorium« befanden und nicht kurzfristig eine Unterkunft finden mussten. Trotz seiner revolutionären Bedeutung für die Geschäftswelt überlebte der Mark III nur kurze Zeit, und heute ist weltweit kein einziges erhaltenes Exemplar bekannt.

▶ Devon Werbebroschüre, 1978

Nach der Einstellung der Produktion des Mark III im Jahre 1959 konzentrierte sich Devon auf die Campingmodelle. 1960 erschien eine neue Caravette, die aber die Qualität des Vorgängers erreichte. Von den nützlichsten Elementen wurden einige ausgetauscht, andere ganz weggelassen. Kantige, weniger gut gearbeitete Teile wurden durch vielseitigere Elemente ersetzt, die jedoch weniger ansehnlich wirkten. JP White, das Unternehmen, das für die Umrüstung der VW-Busse zu Devons stand, war auch bei der neuen Caravette und anderen Umbauten wie dem Austin 152 an vorderster Front beteiligt. Alle Devon-Camper boten jetzt Platz für zwei Erwachsene und zwei Kinder, und zum Standard gehörte neu auch ein 50-Liter-Wassertank. Der Kraftstofftank befand sich nun im Motorraum, und die Sitze waren mit einem neuartigen »tiefen Schaum« gepolstert.

Noch einmal zwei Jahre später folgte der Devonette, der als weitere Camper-Budgetversion vorgestellt wurde und auf dem VW-Kleinbus basierte. Wer die standardmäßige einfarbige Lackierung nicht mochte, konnte für einen geringen Aufpreis eine zweifarbige Version erstehen. Auch der Devonette stand für schlichtes Campen ohne Zelt, war aber geräumiger und mit einem 9-Liter-Wassertank, einem Tisch und dem obligatorischen Easicool-Kühlschrank ausgestattet. Die Verwendung weniger Möbel ließ eine im Vergleich zu früheren Umbauten größere Fläche des Wohnraums entstehen. Aufgrund der fehlenden fein abgestimmten Holzkonstruktionen von JP White konnte der Devonette auch viel preiswerter angeboten werden und stellte eine erschwingliche Option für den durchschnittlichen Käufer dar. Ebenfalls 1960 kam der teurere Caravette auf den Markt, der sich dank seiner versteckten Extras bei den Käufern anhaltender Beliebtheit erfreute. Das Jahr 1962 brachte die bemerkenswerteste Erweiterung dieses auffallenden Roadsters: eine neue, ausfahrbare Decke aus Fiberglas, die eine Stehhöhe von 1,80 m ermöglichte. So lautete Devons Antwort auf den Dormobile, der gerade die Campingwelt im Sturm eroberte.

Mit Poptop-Dach und eingepasstem Dachfenster trug diese Version den Namen Gentlux. Von diesem Modell sind kaum Exemplare erhalten, da seine Produktion schon nach zwölf Monaten wieder eingestellt wurde, und er Devons nächstem Modell Platz machen musste. Vor der Einstellung der Produktion vergrößerte Devon jedoch 1963 noch die Wohn- und Schlaffläche, und fortan waren Devonette und Caravette auf der Basis des Kombis oder des Kleinbusses erhältlich. An die Stelle des Gentlux traten Versionen mit seitlich aufklappbarem Hubdach und Fenstern nach einem Entwurf von Martin Walter, die Dor-

◀ Werbebroschüre für den Eurovette und den Devonette, 1975

mobile lieferte. Dadurch wurde der optionalen Einbau von Schlafkojen ermöglicht, und die Höhe des Innenraums vergrößerte sich auf zwei Meter. Darüber hinaus konnte man das neue Hauszelt an einem beliebigen Ort aufstellen und zurücklassen, während man mit dem Fahrzeug einen Ausflug machte.

Nach drei weiteren Jahren standen bei Devon die nächsten Veränderungen an. Eine neue, verbesserte Version des Devonette unter dem Namen Torvette kam auf den Markt. Dank flexibler Aufteilung und großer Bodenfläche konnte er nicht nur für das Camping und Reisen, sondern auch für andere Zwecke genutzt werden. Im folgenden Jahr führte Devon den Spaceway ein, der durchaus als Vorgänger des modernen Wohnmobils gelten darf, denn Fahrer- und Beifahrersitz ließen sich in den Wohnraum integrieren. In den heutigen Wohnmobilen kann man die zwei oder drei Sitze im Fahrerbereich meist drehen und so zum Teil der Essecke und des Wohnraums machen. Der Spaceway von 1965 setzte dieses Konzept der Platzerweiterung in einer etwas einfacheren Weise um. Die Neuerungen des Spaceway ermöglichten auch ein Redesign des Caravette und des Torvette: die Querwand hinter dem Fahrerbereich fiel weg und statt einer durchgehenden Bank wurden einzelne drehbare Sitze für Fahrer und Beifahrer eingebaut. Unter der Sitzfläche befand sich eine abschließbare Ablage und hinter der Rückenfläche war eine Polsterung angebracht, sodass eine Art gepolsterte Trennwand zum Wohnraum entstand, wenn die Sitze in Fahrtrichtung positioniert waren, bei Drehung in Richtung Essecke dagegen eine gepolsterte Seitenwand. Zudem gehörte zur Spaceway-Standardausstattung nun ein seitliches »Sonnensegel« oder ein Baldachin.

1970 erschien Devons bekanntester Umbau, der Moonraker, eine komplette Neugestaltung seiner Vorgänger Caravette, Devonette und Torvette. Der innovative Moonraker vereinigte Charakteristika der Caravette und der Eurovette zu einem attraktiven Gesamtpaket. Der Unternehmergeist und die Hingabe zum Metier der britischen Umrüster blieben bei VW nicht unbemerkt. So wurde Devon zu einem von nur drei von Volkswagen offiziell anerkannten Umrüstern. 1972 schlossen Devon und VW einen Exklusivvertrag, nach dem alle Devon-Modelle ab sofort Gegenstand der VW-Servicegarantie waren – eine beachtliche Errungenschaft.

Wer sich heute auf den Campingplätzen umschaut, der sieht kaum mehr VW-Camper, sondern fast ausschließlich Wohnmobile. In den 1980er und 90er Jahren jedoch erlebten sie noch einmal eine Renaissance und bereiten zahlreichen Besitzern bis heute viel Freude.

◄ Werbebroschüre für den Caravette, 1961

# Andere Umrüstungen

## Danbury

▶ Danbury-Umrüstung, 1969

DANBURY AUS ESSEX WAR UNZWEIFELHAFT Marktführer unter den britischen VW-Umrüstern. Beinahe von Anfang an mit dabei, brachte es 1964 seinen Danbury Multicar auf den Markt, der auf VW-Modellen aus dem Vorjahr basierte.

Für das Unternehmen stand dabei immer der Komfort im Mittelpunkt. Von vielen in erster Linie als Transportmittel beschrieben, betitelte die britische Zeitschrift *Autocar* den Multicar als »komfortables Wohnmobil«.

Frühe Modelle basierten auf dem Kastenwagen, spätere auf dem Kombi oder dem Kleinbus. Sie verfügten beidseitig über Beladetüren, was eher ungewöhnlich war. Bei den Kastenwagenumbauten gehörten zwei Türen noch zu den Extras, die späteren Kombiumbauten kamen allerdings bei den Kunden besser an.

Der Danbury Multicar verfügte über eine seitliche Sitzbank zur Benutzung am Tag. Ein Tisch, den man mit seinen zwei Beinen auch außerhalb des Fahrzeugs aufstellen konnte, befand sich über dem Motor unter dem Dachstauraum. Zusätzlich zum ausklappbaren Doppelbett und den zwei Schlafkojen für die vierköpfige Familie mit zwei Kindern boten auf Wunsch zusätzliche Schlafkojen – wenn auch beengten – Platz für weitere Personen.

Die gesamte Einrichtung ließ sich herausnehmen. Die Gardinen hingen an einer durchgehenden Leiste. Sie konnten, wenn die Reisenden beim Fahren freie Sicht wünschten, im Heck verstaut werden. Wie

OOR 415G

▶ Werbebroschüre von Danbury, 1968

bei vielen anderen Umrüstungen wurden Besteck und Geschirr standardmäßig mitgeliefert.

Zwei Jahre später wurde das Design geringfügig überarbeitet. Man hatte nun standardmäßig freien Durchgang von vorne in den Wohnbereich; das Reserverad konnte an der Front des Fahrzeugs befestigt werden, um den Innenraum zu vergrößern. Außerdem bot ein geschickt versteckter »Mittelsitz« zwischen Fahrer- und Wohnbereich tagsüber eine zusätzliche Sitzmöglichkeit.

Die neue Variante verfügte auch über ein Vorzelt von Danbury. Dadurch konnte man, wie bei anderen VW-Bus-Umrüstungen auch, seine Reiseutensilien abladen und auf dem Stellplatz zurücklassen, während man mit dem Bus die Umgebung erkundete. Das vereinfachte das Campen und bot den Kunden mehr Wohnraum und Schlafgelegenheiten. Die heute von Campern als selbstverständlich betrachteten Elektroanschlüsse wurden – für die damalige Zeit revolutionär – auf Wunsch eingebaut.

Vier Jahre nach dem mit Begeisterung aufgenommenen Markteintritt begann man mit der Vermarktung des erneuerten Danbury mit einteiliger, gewölbter Windschutzscheibe. Man setzte auf ein vielseitig

▶ Werbebroschüre für den Eurec Cassandra, 1978

einsetzbares Fahrzeug zum Reisen und zur Übernachtung; alle Sitze waren in Fahrtrichtung ausgerichtet.

Danbury gehörte zwischen den späten 1960er-Jahren und 1972 zu den drei Unternehmen, die mit Genehmigung von VW deren Fahrzeuge weiterentwickelten. Das Unternehmen konnte jedoch nicht immer mit seinen Konkurrenten mithalten – Devon etwa schloss einen Exklusivvertrag mit VW –, eroberte aber ab 1977 seine Marktposition zurück. Anfang der 2000er-Jahre erlebte Danbury ein grandioses Comeback, als das Unternehmen Beetles UK die Marke übernahm.

Heute sind zwei Modelle von Danbury erhältlich. Sie vereinen den Charme und die Ausstrahlung des 1960er-Modells mit moderner Technologie, wie sie heute für jedes Wohnmobil selbstverständlich ist.

# Eurec-Reisemobile

WÄHREND UNTERNEHMEN WIE DORMOBILE und Westfalia dafür sorgten, dass der VW-Campingbus immer bekannter wurde, beherrschte Devon mit eigenen Umbauten wie der Eurovette und dem Devon 21, dem Sundowner oder dem T 25 mit einer neuen eckigeren Front den britischen Markt. Konkurrenten wagten derweil den Sprung nach vorne: 1978 stellte das niederländische Unternehmen Eurec eine neue Version des Campingbusses vor – das Reisemobil Eurec, erhältlich in den Modellen Cassandra und Pandora.

Zur Standardausrüstung des Eurec Cassandra gehörten Herd und Kühlschrank, Stauraum, eine Spüle und ein zusätzlicher Klappsitz. Das Modell Pandora hatte einen heraus schwenkbaren Herd und eine in die Arbeitsfläche eingelassene Spüle. Beide Modelle verfügten über ein seitlich aufklappbares Hubdach.

Sie basierten weitgehend auf Devon-Modellen und richteten sich an die Kundschaft der Verkaufsvertretung von Ben Pon. Die Eurec-Reisemobile basierten zunächst im wesentlichen auf dem Devon Moonraker, waren aber natürlich Linkslenker. So erfuhr die gemeinsame Erfolgsgeschichte von Devon und Ben Pon auch über einen Umweg ihre Fortsetzung.

Selbst als die T 25-Reihe in Großbritannien die Marktführerschaft übernahm, blieb Eurec seinem Ausgangsmodell treu. Der Tatsache, dass Devon die Fahrzeuge für die Eurec-Umbauten geliefert hatte, wurde übrigens weder im Marketing noch in der Modellbezeichnung Rechnung getragen.

▲ Viking-Umbau, 1978

## EZ-Reisemobile

EIN WEITERES ERFOLGREICHES UNTERNEHMEN jener Zeit war EZ aus Kalifornien. Da man dort erkannt hatte, dass die Kundenerwartungen weit über das Angebot hinaus gingen, begann man Anfang der 1960er-Jahre mit dem Umbau von Kastenwagen. Angeboten wurden verschiedene Modelle, da das Unternehmen auch VW-Busse des Modells 211 zu Urlaubs- und Reisezwecken umrüstete. Der EZ VW 211, bekannt unter dem Namen El Viajero (der Reisende), hatte eine ähnliche Inneneinrichtung wie die Modelle von Westfalia und war wegen seiner Zweckmäßigkeit und Vielseitigkeit beliebt.

## Holdsworth

ENDE DER 1960ER-JAHRE KAM MIT HOLDSworth ein Unternehmen aus dem englischen Middlesex hinzu, das sich bereits einen Ruf für hervorragende Umrüstungen erarbeitet, jedoch zuvor keine VW-Busse umgebaut hatte. Holdsworth verlegte seinen Produktionsstandort nach Reading, wo gleichzeitig bis zu 15 VW-Busse umgerüstet werden konnten. Eine Entwicklung dieses Unternehmens war das in zwei Variationen erhältliche, auf voller Länge seitlich wie eine Ziehharmonika aufklappbare Hubdach. Die Umbauten von Holdsworth standen für durchgehende Windschutzscheiben und strapazierfähige Polstermöbel. Das Unternehmen gewann zahlreiche Preise für innovatives Design und erstklassige Qualität.

# Viking

UNTER DEN NAMEN, DIE SICH UM DIE WEITERENTWICKLUNGEN des VW-Busses verdient gemacht haben, sollte Viking auf keinen Fall fehlen. Eines der wichtigsten Ausstattungsmerkmale, die dieses Reisemobil einzigartig machen, ist das komplett ausfahrbare Hubdach – die bisher genannten Modelle verfügen nur über ein seitlich aufklappbares.

Dieses Hubdach sorgte nicht nur für mehr Kopffreiheit, sondern vermittelte auch den Eindruck eines größeren Raumes. Verständlicherweise stand das Modell bei Käufern und Fachleuten hoch im Kurs. Tatsächlich lässt sich das Dach soweit ausfahren, dass selbst Erwachsene ohne ein Gefühl von Beengtheit »im Dach« schlafen können.

Die Markteinführung des Viking erfolgte 1970, zu einer Zeit, in der VW-Campingbusse stark gefragt waren. Hergestellt wurde der Viking von Motorhomes im britischen Hertfordshire. Die ersten Modelle hatten ein festes Dach, das optional von der Mitte zum Heck aufgeklappt werden konnte. Der Innenraum war trotz der geringen Höhe sehr geräumig; auf zwei Sitzbänken am Tisch fanden vier bis fünf Personen Platz.

Eine weitere Besonderheit des Viking war das erste standardmäßig in einem Reisemobil eingebaute Soundsystem – eine Stereoanlage mit einem Kassettendeck von Philips. Außerdem bot eine Hängematte für die Kabine einer zusätzlichen Person Platz zum Schlafen, und im Vorzelt Isabella, das tagsüber zurückgelassen werden konnte, fanden bis zu drei Personen Platz zum Übernachten.

Als Ergebnis interner Querelen und verdeckter Machtkämpfe reklamierte Volks-

▶ Umrüstungen zum Reisemobil gibt es in allen erdenklichen Formen, wie diese ungewöhnliche Sattelschlepper-Variante zeigt

wagen UK gegenüber Viking eine mangelhafte Dachverstärkung des Hubdachs. Motorhomes konterte umgehend und forderte Volkswagen auf, seine Behauptungen zu untermauern. Wahrscheinlich ging diese beispiellose Attacke auf Marketingüberlegungen des Mutterhauses zurück; die Behauptungen von Volkswagen UK jedenfalls wurden von den Medien und den Viking-Fans rasch von der Hand gewiesen. Der Viking wurde schließlich zu einem der begehrtesten Hubdächer seiner Zeit.

Dass der Viking ein phänomenales Reisemobil mit guter Sicherheitsbilanz war, wur-

de nie widerlegt. Mit dem Viking Spacemaker brachte Motorhomes schon bald das Folgemodell auf den Markt; das Dach entwickelte sich unter Campern zu einem Must-have und für Viking zu einem unschlagbaren Verkaufsargument. Viele andere VW-Umrüstungen, auch namhafte wie die von Devon, wurden auf Wunsch des Kunden mit Viking-Dächern ausgestattet. Nach mehr als 20 Jahren Marktführerschaft stellte Viking als einer der innovativsten Umrüster von VW-Bussen den Betrieb Mitte der 1980er-Jahre ein. Heute sind die wunderschönen Oldtimer heiß begehrt und werden von ihren Besitzern gehegt und gepflegt.

# Kultobjekt Bulli

▶ Für viele verkörpern Campingbusse ein Gefühl von Freiheit und Abenteuer

FÜR VIELE IST DER VW-BUS T 1 DER INBEGRIFF des Surf-Mobils. Wie kam es dazu? Beide waren zur richtigen Zeit am richtigen Ort. Als sich die Surfkultur in den späten 1950er- und frühen 1960er-Jahren ausbreitete, wurden Umrüstungen von VW-Bussen weltweit in allen Schichten der Gesellschaft immer beliebter. Besonders viele Fans hatte der VW-Bus unter jungen Leuten, die, wenn sie nicht gerade surften, ständig ein Brett unter dem Arm trugen. Campingbusse und Surfer wurden zu Symbolen eines entspannten, unbeschwerten Lebens, begleitet vom Rauschen der Wellen und dem Knattern des Boxer-Motors.

Mit dem Campingbus, der nicht nur Platz für ein Surfbrett, sondern auch ein Dach über dem Kopf bot, machte sich der Surfer auf den Weg zum Meer. Auch wenn der luftgekühlte Motor des VW-Busses manchmal überhitzte und zur unfreiwilligen Pau-

DRINK
Coca-Cola

▲ Die Surfkultur und der Bulli gehören zusammen

se zwang, war er den Surfern ein treuer Gefährte.

Irgendwann reichte ihnen das Surfen im Meer nicht mehr, und so entwickelten sie das Skateboard, um auch an Land Spaß zu haben. Das war der Anfang einer dauerhaften Beziehung zwischen dem VW-Bus und den Skateboardern. Wieder später kamen die Snowboarder hinzu; alle drei Brett-Enthusiasten halten das Fahrzeug bis heute in Ehren. Die Surfer haben dem VW-Bus fast 40 Jahre lang die Treue gehalten, und wenn man sieht, wie viele von ihnen noch immer im VW-Bus zum Strand fahren, so gibt es kaum Anzeichen für ein Ende dieser Liebesbeziehung.

▶ Oft werden Bullis individuell gestaltet

1966
VOLKSWAGEN

# Clubs, Shows & Festivals

## Vanfest

▶ Ältere und neuere Westfalia Modelle

DAS VANFEST FINDET ALLJÄHRLICH IM SEPtember statt, ist das weltweit größte Ereignis für VW-Transporter und verzeichnet seit 1994 stets neue Zuschauerrekorde. Aus der ganzen Welt strömen Enthusiasten zum Three Counties Showground in der Nähe der britischen Ortschaft Malvern, um zu sehen, was die Veranstalter zu bieten haben. 2006 kamen bereits mehr als 5000 Fahrzeuge zusammen. Auf dem Gelände steht unter anderem viel Raum zum Campen zur Verfügung, und große Hallen bieten Schutz vor Wind und Wetter. Stromanschlüsse sind nur für Camper mit besonderen Bedürfnissen vorhanden und auch nicht in großer Zahl, dagegen versorgen ein Restaurant und viele mobile Busse die Gäste ausreichend mit Speisen, Getränken und anderem täglichem Camperbedarf.

Die rund 250 Aussteller locken die Besucher zum Schmökern und Einkaufen, und auf der bei den Bulli-Fans äußerst beliebten Verkaufsfläche werden Enthusiasten zu stolzen Besitzern ihres Traumfahrzeugs. Die meisten Zuschauer kommen vor allem, um sich die Busse älterer Modelle wie die Campingbusse von Westfalia anzuschauen, die auf einer Bühne versammelt sind. Die Fahrzeugeigentümer geben auch gerne ihre Reise- und Abenteuergeschichten zum Besten. In einem separaten Bereich sind Busse mit ungewöhnlichen Besonder-

heiten wie besonderen Motoren ausgestellt. Im September 2007 wurde eine Sonderausstellung zum 40. Geburtstag des »Erker«-Bullis veranstaltet, und alljährlich können Fahrzeuge Preise gewinnen. Ein Highlight unter vielen ist das am Sonntag stattfindende Stelldichein »Show & Shine«, das man bei einem Besuch des Vanfests auf keinen Fall verpassen sollte. Zu den anderen Wochenendveranstaltungen zählen Auftritte von Bands, die für gute Stimmung bei den Familien und jüngeren Besuchern sorgen.

Auf einer derart großen Veranstaltung dürfen auch eine Amüsiermeile und ein kostenloser Kinderhort nicht fehlen, und bei »Cooking in a Camper« legen sich die Besucher beim Kochen im VW Bulli so richtig ins Zeug. Die besten Köche erreichen den »Cook Off«, das Finale auf der Showbühne. Der außergewöhnliche Ruf und die enorme Größe der Veranstaltung

GINSTERS
Cornish
THROUGH AND THROUGH
www.ginsters.co.uk
GINSTERS
Cornish
THROUGH AND THROUGH
REAL HONE

◀ Zum Imbisswagen umgebauter Bulli, 2007

erfordern eine lange und minutiöse Vorbereitung, die jeweils schon kurz nach dem Finale der aktuellen Show beginnt.

Das Aufbauen der zahlreichen Bühnen und Zelte vor Beginn der Veranstaltung dauert eine ganze Woche. Auch wenn beim Vanfest der Bulli im Brennpunkt der Aufmerksamkeit steht, gibt es am Fest-Wochenende auch viele andere Attraktionen und Aktivitäten, so am Samstag Abend ein Spanferkel-Grillfest. Trotz seiner Größe und seiner Besuchermassen ist das Vanfest auch eine Gelegenheit für Familien, zusammen ein nettes und spannendes Wochenende zu verbringen.

# Run to the Sun

NEWQUAY, DIE SURFER-HAUPTSTADT DES Vereinigten Königreichs, wird im Hochsommer von VW-Campingbussen überflutet. Aber auch in den übrigen Monaten kommen die Surfer dort mit ihren knatterten Fahrzeugen an und parken direkt am Meer, um auf der nächsten Welle reiten zu können.

Aber mehr noch als von den Surfern wird der Badeort alljährlich im Mai von Horden von VW-Fans überschwemmt, die über Reading auf der Autobahn M4

▶ Samba mit Miniatur-Nachbau, 1960

und im Konvoi auf der M5 anreisen, um schließlich auf der A30 in die Zielgerade in Richtung Cornwall einzubiegen. Dieser besondere Teil der Feierlichkeiten, der das Festwochenende einläutet, ist als »Vergnügungsfahrt« bekannt und wird von der Zeitschrift »Volksworld« organisiert.

Worum geht es? Run To The Sun oder, wie viele es liebevoll nennen, RTTS, ist eine dreitägiges VW-Camper-Treffen an der kornischen Riviera mit Kultstatus in Großbritannien, zu dem die Bulli-Besitzer in Massen herbeiströmen. Dort treffen sie alte Freunde und Gleichgesinnte und frönen ihren gemeinsamen Leidenschaften: Sonne, Meer, Surfen und Bullis. Run to the Sun 2007 war ein großer Erfolg, zu dem Tausende Besucher auf dem Gelände des Trevelgue Holiday Park beitrugen. Die Veranstaltung fand bereits zum 21. Mal statt, und sogar der am zweiten Tag einsetzende Regen konnte die tolle Stimmung nicht trüben.

Nach der stimmungsvollen Anreise, die schon ein erstes Highlight darstellte, erwartete die Besucher ein umfangreiches Wochenend-Unterhaltungsprogramm auf vier Bühnen. Für Stimmung sorgten Live-Bands, Komiker und die 1970er-Disco, während am Samstag bei »Show 'n Shine«

▲ Ausstellungsbereich bei einem Bulli-Treffen

mehr als 300 Konkurrenten vor über 25 000 Zuschauern ihre Autos präsentieren durften – ein weiterer Höhepunkt. Wie jedes Jahr wählte die Zeitschrift Volksworld zusammen mit anderen Juroren zehn Gewinner aus.

Inspiration für das Treffen waren vor allem Camper-Strandkultur und die traditionelle Liebe der Surfer zum Bulli, der sich rasch als ihr Lieblingsvehikel etabliert hatte. 1987 kamen zum ersten RTTS etwa 70 VW-Busse zusammen. Dann stiegen die Besucherzahlen Jahr für Jahr rapide, und 2007 nahmen bereits etwa 100 000 Leute aus allen Teilen Großbritanniens teil.

## VW Festival

DIE AUF DEM GELÄNDE VON HAREWOOD House in Leeds stattfindende prestigeträchtige Veranstaltung ist für all diejenigen gedacht, die ihren wertvollen VW, ob Auto oder Bus, zur Schau stellen möchten. Einmal im Jahr geht es auf dem als Familienfest beworbenen Event drei Tage lang ums Auto. Wie beim RTTS können die VW-Fans beim »Show n' Shine« mit viel Liebe gepflegte Fahrzeuge bewundern. Andere Möglichkeiten der Freizeitgestaltung sind ein Besuch der Kunstsammlungen im historischen Harewood House, ein Spaziergang durch den berühmten Vogelgarten oder eine Bootsfahrt auf dem See. Für die jüngeren Familienmitglieder, die ein wenig mehr Abwechslung und Aktivität wollen, gibt es den Abenteuerspielplatz, und für die etwas älteren Besucher werden Konzerte von Live-Bands und ein umfangreiches Programm mit Veranstaltungen und Ausstellungen angeboten.

Campern stehen Stellplätze auf dem nahe gelegenen Haighfield Caravan Park zur Verfügung, aber man kann auch direkt am Harewood House campen. Das Angebot dort richtet sich allerdings in erster Linie an »ruhigere« Campingfreunde und Familien. Das VW-Festival wurde von drei Enthusiasten ins Leben gerufen, die eine regelmäßige VW-Veranstaltung außerhalb der Midlands vermisst hatten. Seit seiner Premiere 2004 ist das VW-Festival ein großer Erfolg.

## Demon Dubs

DIE DEMON DUBS SIND SYMPATHISCHE TREFfen eines Clubs von VW-Enthusiasten rund um Warrington und Umgebung. Es gibt keine Regeln, keine Gebühren, und das Einzige, was man mitbringen muss, ist die Leidenschaft für alles, was mit VW zu tun hat. Wer teilnehmen will, muss nicht einmal einen VW besitzen, er muss ihn nur lieben. Die Demon Dubs finden alle zwei Wochen am Sonntagnachmittag statt, es sei denn, es gibt am selben Wochenende irgendwo in Großbritannien eine VW-Show. Der Club hat seine eigene Website, auf der man alles Neue erfahren kann.

## Weekender

AUCH IN IRLAND GIBT ES BULLI-TREFFEN! Dort campen VW-Enthusiasten mit Blick auf Irlands einzigen Fjord, den Killary Harbour in Connemara, wo ausreichend Platz für VW-Camper vorhanden ist. Und wer keinen eigenen zum Camper umgerüsteten Bulli besitzt, kann in einem der mehr als einhundert Zimmer der nahegelegene Herberge aus dem späten 19. Jahrhundert absteigen. Das einzige, was man laut Veranstalter mitbringen sollte, ist die Begeisterung für VW.

▶ Ein klassischer Kastenwagen der Post

EUTSCHE BUNDESPOST

# CamperVantastic

SCHON LANGE WIRD DER VW-CAMPER MIT der nostalgischen Sicht auf die 1960er und 1970er Jahre, mit der Sehnsucht nach Frieden und Freiheit verbunden. Unsere Liebe zu diesen Gefährten geht entweder auf Erinnerungen ans Campen mit einem Bulli in Kindertagen zurück oder ist ganz einfach Ausdruck von Abenteuerlust.

Meine Familie und ich hatten das Glück, mit unserem ersten Bulli entlang der Küsten von Sizilien und einiger griechischer Inseln zu reisen. Während unserer Fahrt genossen wir die atemberaubende Schönheit und Weite der Landschaften. In dieser unglaublichen Zeit auf Rädern entwickelten wir die Idee für CamperVantastic.

Egal, ob kaufen oder mieten, die Leute mögen ihn einfach! Und ob klassisches oder neues Modell, jeder findet den Camper seiner Träume, sei es für Reisen mit

der Familie, für Festivals, für romantische Stunden, Surf-Ausflüge oder einfach nur, um dem Alltag zu entfliehen.

Das heutige VW-Wohnmobil California steht für modernes Campen und bietet Unabhängigkeit und Luxus-Camping zugleich. Wir von CamperVantastic haben vielen Campern geholfen, idyllische Orte und aufregende Strände zu entdecken! Wir hoffen, es hat Ihnen Spaß gemacht, dieses Buch durchzublättern und einige der bemerkenswertesten Camper zu entdecken. Und wenn Sie noch immer kein richtiger Camperfan sind, werden Sie es sicher bald!

**Steve Lumley,**
**Direktor von CamperVantastic**
**www.campervantastic.com**

**Der Abdruck der Bilder in diesem Buch erfolgt mit freundlicher Genehmigung von:**

GETTY IMAGES
101 Bayham Street, London NW1 0AG

David Eccles

VW Camper and Commercial Magazine
www.volkswagencamper.co.uk

Photo courtesy of Ginsters
www.ginsters.co.uk

In Zusammenarbeit mit G2 Entertainment Limited